차라리 굶어라

차

라

리

굶

어

라

먹으면
안 되는

×

먹어도
되는

○

음식
첨가물의

충격
비밀

Food
Additive

와타나베 유지 지음 | 장하나 옮김

늘 먹는 주식, 가공식품, 과자, 음료수, 조미료 등
144개 음식에 들어간 식품첨가물 211가지 전격 해부!

★★★ 일본 시리즈 누계 90만 부 판매 베스트셀러 최신판 ★★★

문예춘추사

일러두기

- 참고로 본서에 독자의 이해를 돕고자 상품 사진을 게재했으나 어디까지나 상품 비교를 취지로 한 것이다.

- 본서에서 다룬 상품과 유사 상품들은 첨가된 첨가물의 성분에 따라 분류가 달라질 수 있다.

인간에 대한 안전성은 밝혀지지 않았다

'편의점 도시락을 계속 먹어도 괜찮을까?', '컵라면은?' '과자는?' 하고 불안이나 의문을 품는 사람이 많으리라 생각합니다. 이러한 식품에는 많은 식품첨가물(첨가물)이 사용됩니다만, 그 안전성이 의문시되고 있기 때문입니다.

마트나 편의점 같은 곳에 빼곡하게 진열된 대다수 가공식품에는 여러 가지 첨가물이 사용됩니다. 하지만 그러한 첨가물들이 과연 인간에게 안전한지는 확인되지 않았습니다.

쌀이나 채소, 과일, 고기, 생선, 설탕, 소금, 간장 등은 인간이 지금까지 오랜 세월 섭취해옴으로써 그 안전성이 확인되었습니다. 그렇기에 안심하고 먹을 수 있는 것입니다. 하지만 첨가물은 그렇지 않습니다. 동물 실험에서 얻은 결과에 비추어 인간에게도 '해롭지 않을 것이다'라고 추측할 뿐입니다.

그러나 동물 실험으로는 첨가물이 인간에게 미치는 미묘한 영향을 알기 어렵습니다. 예를 들자면 위부 불쾌감이 있습니다. 즉, 식품을 먹고 '속이 더부룩하다, 가스가 찬다, 기분이 불쾌해진다, 통증을 느낀다'처럼 타인에게 호소해야지만 알 수 있는 증상은 알아내기 힘듭니다.

또한, 우리 몸에 흡수된 첨가물이 알레르기나 호르몬 교란을 일으키지 않는지도 동물 실험만으로는 좀처럼 알기 어렵습니다. 동물을 통해 확인할 수 있는 사실은 급성 중독이나 사망, 발암, 장기 이상 등 꽤 심각한 증상이기 때문입니다.

하지만 진짜 중요한 것은 첨가물이 우리에게 미치는 미묘한 영향입니다. 식사 때마다 위가 더부룩하거나 콕콕 쑤시고 기분이 불쾌해진다면 얼마나 괴로울까요? 그런데 첨가물은 인체에 이러한 악영향을 줄 우려가 큽니다.

저 같은 경우는 첨가물이 많이 들어간 샌드위치나 도시락, 케이크 등을 먹으면 입속이나 혀가 자극을 받아 입안이 까끌까끌한 느낌이 들고, 위 점막 또한 자극을 받아 배에 가스가 차거나 속이 더부룩해집니다. 어떨 때는 위에 통증을 느끼고 설사를 하기도 합니다. 한편, 첨가물을 사용하지 않은 빵이나 직접 만든 도시락 등을 먹으면 이런 증상이 나타나지 않습니다.

저뿐만이 아닙니다. 주변에 같은 증상을 호소하는 사람이 여럿 있습니다. 어쩌면 지금 우리는 우리도 모르는 사이에 이러한 첨가물의 악영향을 받고 있는 건 아닐까요?

먹으면 안 되는 첨가물, 먹어도 되는 첨가물

첨가물에는 석유 제품 등에서 화학적으로 합성한 '합성첨가물'이 대부분인 지정첨가물, 그리고 자연계에 있는 식물, 곤충, 세균 등에서 얻은 '천연첨가물'인 기존첨가물이 있습니다. 이러한 첨가물의 수는 800품목이 넘으며, 대다수 가공식품에 무절제하게 사용되고 있습니다.

그중에는 동물 실험을 통해 암이나 중독을 유발하고 태아에게 악영향을 미친다고 밝혀진, 명백히 위험한 물질, 즉 '먹으면 안 되는 첨가물'이 적지 않습니다. 참고로 이렇게 위험한 물질은 특히 합성첨가물에 많습니다.

그런데 첨가물 사용이 금지되면 많은 식품 기업이 곤란을 겪게 됩니다. 그렇기에 일본의 후생노동성은 첨가물 사용을 인정하고 있습니다. 사용 시 여러 가지 제한을 두고 있긴 하나, 과연 정직하게 지켜지고 있는지는 의문입니다. 설령 지켜지고 있대도 인간에게 전혀 해가 없는지는 알 수 없습니다. 결국 '해롭지 않겠지?'라는 추측하에 사용될 뿐입니다.

그리고 하나의 가공식품에는 보통 여러 가지 첨가물이 사용되는데, 그 첨가물들이 섞였을 때 우리 몸에 미치는 영향은 조사되지 않았습니다. 첨가물끼리 반응하여 독성이 강한 물질로 변화할 가능성도 있으나 그러한 독성 또한 전혀 조사된 바 없습니다. 상황이 이렇다면 되도록 첨가물 섭취를 자제하는 편이 좋다고 생각합니다.

'그럼 먹을 게 하나도 없겠다'며 걱정하는 사람도 있을 것입니다. 첨가물이 들어간 식품을 모두 피한다면 실제로 먹을 수 있는 음식이 거의 없을지도 모릅니다.

하지만 걱정하실 것 없습니다. 비교적 안전성이 높은, 즉 비타민C나 비타민E, 구연산, 젖산 등 '먹어도 되는 첨가물'이 사용된 식품을 구매하는 현실적인 선택안이 있으니까요. 이러한 첨가물은 원래 식품에 들어 있는 물질이기에 동물 실험 결과, 대부분 독성이 검출되지 않았습니다. 따라서 먹어도 되는 첨가물이 들어간 식품을 선택하면 됩니다. 혹은 첨가물을 사용하지 않은 제품을 고르는 방법도 있습니다.

음식이 맛있게 느껴지는 이유는 몸에 필요한 영양소가 들어 있어서입니다. 감기에 걸리면 귤이나 딸기가 무척 맛있게 느껴지는데, 이는 비타민C가 풍부하기 때문입니다. 대부분의 첨가물은 영양소가 되지 않을 뿐더러 첨가물이 많이 들어가면 음식 맛이 변질됩니다. 이런 점만 보더라도 첨가물은 적을수록 좋습니다.

　최근 들어 '몸이 찌뿌둥하다, 나른하다, 쉽게 피곤하다, 생리가 불규칙하다'와 같은 컨디션 난조를 호소하는 사람이 늘고 있습니다. 어쩌면 첨가물 때문에 신체 시스템이 흐트러졌는지도 모릅니다. 그런 분은 부디 이 책을 참고하여 먹어도 되는 첨가물, 또는 첨가물이 들어가지 않은 식품을 섭취하시기를 당부드립니다.

| 제4장 | 알기 쉬운 식품첨가물 목록 | ×△○ |

| 제5장 | 식품첨가물의 기초 지식 | ×△○ |

1~3장 보는 방법

• 각 식품에 사용된 첨가물의 위험도에 따라 '먹으면 안 되는 첨가물이 들어간 식품', '먹으면 안 되거나 먹어도 되는 첨가물의 중간 첨가물이 들어간 식품', '먹어도 되는 첨가물이 들어간 식품 및 무첨가 식품'으로 분류했다. 단, 같은 종류의 식품이라도 제품에 따라 사용 첨가물에 다소 차이가 있어 일반적인 제품에 기초하여 첨가물을 표시하고 위험도를 분류했다. 더불어 사진 속 제품은 어디까지나 예시에 불과하다.

• 하단에는 표제 항목의 식품에 자주 사용되는 첨가물을 위험도 마크, 첨가물 명칭(용도/합성첨가물인지 천연첨가물인지)의 순으로 기재했다. 사진 속 제품에 하단의 첨가물이 전부 사용된 것은 아니다.

위험도 마크는 다음과 같다

✳ = 먹으면 안 되는 첨가물. 발암성이 강하거나 의심되는 물질, 기형아 유발성이 강하거나 의심되는 물질, 급성·만성 독성이 강한 물질, 발암성 물질로 변화하는 물질 등.

✳ = 먹으면 안 되거나 먹어도 되는 첨가물의 중간 첨가물. 발암성 등 뚜렷한 독성은 발견되지 않지만, 안전하다고는 할 수 없는 물질.

● = 먹어도 되는 첨가물. 원래 식품에 들어 있어서 동물 실험에서도 독성이 거의 발견되지 않아 안전하다고 판단되는 물질.

제1장

먹으면 안 되는 첨가물이 든 식품

×××

1

✕ | 샌드위치
햄이 든 제품은 특히 주의하자

'매일 편의점에서 샌드위치를 사먹는다'는 사람도 있을 것이다. 하지만 반드시 주의해야 할 사항이 있다. 햄 샌드위치는 물론이고 믹스 샌드위치 속에는 햄이 들어간 제품이 많은데 그 햄에 위험한 첨가물이 사용된다는 점이다.

햄에는 색깔이 거무스름해지는 현상을 막기 위해 발색제인 아질산나트륨이라는 첨가물이 사용된다. 하지만 아질산나트륨은 독성이 강한 데다 고기에 함유된 아민이라는 물질과 반응하여 나이트로소아민류라는 강력한 발암물질로 변화한다. 나이트로소아민류는 산성인 위 속에서 만들어지기 쉬우며, 미량이지만 햄 자체에 함유된 경우도 있다(햄·베이컨 항목 참조).

'햄을 사용하지 않은 제품은 괜찮지 않을까?'라고 생각하는 사람도 있을 것이다. 그러나 그런 제품에도 조미료(아미노산 등), 착색료, 향료, 유화제 등 많은 첨가물이 사용된다. 그래도 샌드위치가 먹고 싶다면 달걀 샌드위치나 돈가스 샌드위치 등 햄을 사용하지 않고 비교적 첨가물이 적은 제품을 고르자.

✳아질산나트륨[발색제/합성], ✳이스트푸드[합성], ✳변성전분[호료·증점제/합성], ✳유화제[합성·천연], ✳조미료(아미노산 등)[합성], ✳증점다당류[호료/천연], ✳향료[합성·천연], ✳치자색소[착색료/천연], ✳산도조절제[합성], ✳글리신[조미료/합성], ✳카제인나트륨[호료/합성], ✳알긴산프로필렌글리콜[호료/합성], ●비타민C[산화방지제/합성], ●향신료추출물[천연]

편의점 도시락
명란, 햄, 소시지가 들어간 제품은 피하자 ✕

　'편의점 도시락으로 끼니를 자주 때운다'는 사람도 많을 것이다. 일반 보존료와 합성착색료는 사용되지 않지만, 대신 첨가물이 사용된다. 산도조절제가 그 대표 선수로 구연산과 초산나트륨 등의 여러 품목이 보존 목적에서 사용된다. 산미료도 마찬가지다.

　게다가 조미료(아미노산 등), 유화제, 팽창제, 착색료, 향료, 증점다당류(나무껍질에서 추출된 점성 물질) 등의 첨가물이 총출동한다. 부침, 튀김, 조림 할 것 없이 각각의 재료마다 보존과 조미, 걸쭉한 양념 등을 위해 여러 품목의 첨가물이 사용되기 때문이다. 또 사진 속 제품처럼 명란이나 햄과 소시지를 사용한 제품이 많은데, 여기에는 발색제인 아질산나트륨이 첨가되어 암을 유발하는 나이트로소아민류가 생성된다(명란젓·구운 명란, 햄·베이컨 항목 참조). 덧붙여 사진 속 제품에는 합성감미료인 수크랄로스도 사용되었다(매실 절임 항목 참조).

　편의점 도시락은 햄, 베이컨, 소시지, 명란젓, 구운 명란이 들어가지 않고 수크랄로스 같은 합성감미료가 사용되지 않은, 되도록 첨가물이 적은 제품을 고르자.

✳수크랄로스[감미료/합성], ✳아질산나트륨[발색제/합성], ✳산도조절제[합성], ✳산미료[합성], ✳글리신[조미료/합성], ✳조미료(아미노산 등)[합성], ✳변성전분[호료/합성], ✳증점다당류[증점제/천연], ✳유화제[합성·천연], ✳팽창제[합성], ✳향료[합성·천연], ✳카라멜색소[착색료/천연], ✳카로티노이드[착색료/천연], ✳카제인나트륨[호료/합성], ✳비타민B₁[영양강화제/합성], ●비타민C[산화방지제/합성], ●향신료추출물[천연]

✕ | 편의점 파스타
카르보나라는 먹지 말자

편의점에는 여러 가지 맛의 파스타가 판매되고 있는데, 베이컨이나 햄, 소시지를 사용한 제품이 주류다. **대표 파스타인 카르보나라에는 베이컨이 들어가며 여기에는 발색제인 아질산나트륨이 첨가된다.** 그 때문에 암을 유발하는 나이트로소아민류가 생성된다. 햄과 소시지가 들어간 파스타도 마찬가지다.

그 밖에 명란젓이나 구운 명란을 사용한 파스타도 인기가 있어서 각 편의점에서 판매되고 있다. 하지만 명란젓이나 구운 명란에도 아질산나트륨이 첨가된다(명란젓·구운 명란 항목 참조). 어란에는 특히 아미노산이 많이 들어 있어서 아질산나트륨과 반응하여 나이트로소아민류가 생기게 된다. 따라서 원재료명에 '발색제(아질산나트륨)'라고 표시된 명란 파스타는 피하는 편이 바람직하다.

게다가 편의점 파스타에는 조미료(아미노산 등), 산도조절제, 유화제, 증점다당류, 향료 등도 사용된다. 많은 첨가물을 한 번에 섭취하면 위와 장의 점막이 자극을 받을 우려가 있다. 아질산나트륨이 들어 있지 않고 첨가물이 적은 제품을 고르자.

✳아질산나트륨[발색제/합성], ✳조미료(아미노산 등)[합성], ✳산도조절제[합성], ✳변성전분[호료/합성], ✳유화제[합성·천연], ✳산미료[합성], ✳향료[합성·천연], ✳카라멜색소[착색료/천연], ✳글리신[조미료/합성], ✳증점다당류[호료/천연], ✳홍국색소[착색료/천연], ✳효소[천연], ✳비타민B₁[영양강화제/합성], ●향신료추출물[천연], ●비타민C[산화방지제/합성]

기차역 도시락 | ✕
상온보존 도시락인데 왜 상하지 않을까?

지방에 출장 갈 때마다 한 가지 아쉬운 게 있다. 바로 기차역 도시락(에키벤)을 먹을 수 없다는 점이다. 어느 기차역에서 파는 도시락이든 위험성이 높은 첨가물이 가득 들어 있기 때문이다.

기차역 도시락은 역 매점에 상온 진열되어 있다. 그런데 밥이든 반찬이든 모두 시간이 지나면 상하기 마련이다. 그래서 이러한 부패를 방지하기 위해 합성보존료인 소르빈산칼륨이 사용된다. 또 채소 반찬을 하얗게 보이기 위해 독성이 강한 표백제도 들어간다.

그리고 햄이나 소시지, 구운 명란 등에는 발색제인 아질산나트륨이 첨가된다. 거기다 조미료(아미노산 등)가 듬뿍 들어가고, 산도조절제, 산미료, 착색료, 증점다당류, 변성전분 등이 사용된다.

나는 그동안 기차역 도시락을 먹고 복통과 설사, 위부 불쾌감을 여러 번 겪었기에 더는 두려워서 먹을 수 없게 되었다. 참고로 후지산의 '송어 초밥'(마스즈시)과 나라의 '감잎 초밥'(가키노하즈시)에는 보존료가 사용되지 않고 첨가물도 적게 들어간다.

✱아황산염[표백제/합성], ✱소르빈산칼륨[보존료/합성], ✱안식향산나트륨[보존료/합성], ✱아질산나트륨[발색제/합성], ✱수크랄로스[감미료/합성], ✱적색102호[착색료/합성], ✱황색4호[착색료/합성], ✱조미료(아미노산 등)[합성], ✱산도조절제[합성], ✱산미료[합성], ✱글리신[조미료/합성], ✱증점다당류[증점제/천연], ✱변성전분[증점제/합성], ✱스테비아[감미료/천연], ✱인산염[제조용제/합성], ●초산나트륨[제조용제/합성], ●트레할로스[감미료/천연]

✕ | 컵라면
첫가물과 과산화지질의 원투펀치

'컵라면을 좋아한다'는 사람이 많을 것이다. 그런데 15종류 이상을 사용하는 첨가물 범벅인 제품도 드물지 않다.

컵라면은 건조식품이기에 보존료는 사용되지 않는다. 하지만 간수(면을 반죽할 때 섞는 알칼리성 염수-역주)와 조미료(아미노산 등), 증점다당류, 카라멜색소 등 많은 첨가물이 사용된다.

조미료는 L-글루탐산나트륨(일본의 대표 조미료 '아지노모토'의 주성분)이 주로 사용되는데 다량 섭취할 경우, 사람에 따라서는 얼굴부터 팔까지 열감이나 저림 증상을 느끼기도 한다. 카라멜색소에는 4종류가 있는데 그 중 2종류에는 발암물질이 들어 있다.

또 컵라면은 기름에 튀긴 유탕면이기 때문에 지방이 산화하면서 <u>과산화지질이 생성된다</u>. 과산화지질은 유해 물질로 쥐나 토끼에게 먹이면 성장이 지연되고 일정량을 초과하면 죽음에 이른다. 인간도 많이 섭취하면 위의 통증이나 설사를 일으키는 경우가 있다.

컵라면을 먹으면 첨가물과 과산화지질이 한꺼번에 위로 들어가기 때문에 복부 팽만, 통증, 더부룩함 같은 위부 불쾌감을 느낄 수 있다.

✳간수[합성], ✳조미료(아미노산 등)[합성], ✳증점다당류[증점제/천연], ✳변성전분[증점제/합성], ✳유화제[합성·천연], ✳카라멜색소[착색료/천연], ✳향료[합성·천연], ✳산미료[합성·천연], ✳카로티노이드[착색료/천연], ✳목초액[천연], ✳비타민B₁[영양강화제/합성], ●비타민E[산화방지제/합성·천연], ●탄산칼슘[영양강화제/합성], ●비타민B₂[영양강화제·착색료/합성] ●향신료추출물[천연]

봉지 라면

내용물은 컵라면과 별반 다르지 않다

한마디로 말하면 봉지 라면의 내용물을 컵 모양 용기에 넣은 제품이 컵라면이기 때문에 두 제품 모두 같은 문제점을 안고 있다.

우선 첨가물이 많다는 점을 들 수 있는데, 간수, 조미료(아미노산 등), 치자색소, 카라멜색소, 향료, 산미료, 증점다당류, 산화방지제(비타민E), 탄산칼슘 등이 총출동한다. 간수는 라면 특유의 향과 색을 내기 위해 면에 첨가된다. 또 탄산칼륨과 탄산나트륨 등을 섞기 때문에 면을 먹으면 입속에 위화감이 들거나 속 쓰림 증상이 나타날 수 있다.

카라멜색소에는 Ⅰ, Ⅱ, Ⅲ, Ⅳ 4종류가 있으며, Ⅲ, Ⅳ에는 4-메틸이미다졸이라는 발암물질이 함유되어 있다. 또 향료와 증점다당류 속에는 독성물질이 들어 있는데, 특히 유탕면에 해로운 과산화지질이 많이 들어 있다.

개중에는 '마루짱 세이멘 소금 맛'(도요수산)처럼 기름에 튀기지 않고 카라멜색소를 사용하지 않은 제품도 있으니, 정 먹고 싶다면 이런 제품을 고르도록 하자!

✳간수[합성], ✳조미료(아미노산 등)[합성], ✳치자색소[착색료/천연], ✳카라멜색소[착색료/천연], ✳향료[합성·천연], ✳산미료[합성], ✳증점다당류[증점제/천연], ✳비타민B₁[영양강화제/합성], ✳탄산칼슘[영양강화제/합성], ●트레할로스[감미료/천연], ●비타민B₂[영양강화제·착색료/합성], ●비타민E[산화방지제/합성·천연]

소자이빵
소시지가 든 제품은 먹지 말자

편의점이나 슈퍼 등에는 각종 반찬을 토핑한 소자이빵이 진열되어 있는데, 이러한 제품에는 대부분 소시지가 들어간다. 하지만 소시지에는 발색제인 아질산나트륨이 첨가되기 때문에 발암물질인 나이트로소아민류로 변화한다(소시지 항목 참조). 그러니 소시지가 든 빵은 멀리하자. 마찬가지로 핫도그빵 등에 햄이나 베이컨이 들어간 제품도 나이트로소아민류가 발생하므로 멀리하자.

편의점에서 소자이빵을 살 때는 소시지, 햄, 베이컨을 사용하지 않고 되도록 첨가물이 적은 제품을 고르자. 첨가물이 많은 제품을 섭취하면 가스가 찬다, 아프다, 더부룩하다 등의 위부 불쾌감을 느끼는 사람도 있기 때문이다.

참고로 이스트푸드는 빵효모(이스트)에 섞는 물질로 염화암모늄과 탄산암모늄 등 18품목이 있으며, 이 중 여러 품목을 조합하여 사용한다. 개중에는 독성이 강한 물질도 있는데 구체적으로 무엇이 사용되었는지는 알 수 없다.

✳아질산나트륨[발색제/합성], ✳소르빈산[보존료/합성], ✳인산염[결착제/합성], ✳이스트푸드[합성], ✳조미료(아미노산 등)[합성], ✳산도조절제[합성], ✳유화제[합성·천연], ✳변성전분[호료/합성], ✳증점다당류[증점제/천연], ✳향료[합성·천연], ✳카라멜색소[착색료/천연], ✳심황색소[착색료/천연], ✳카로티노이드[착색료/천연], ✳목초액[천연], ●비타민C[산화방지제/합성], ●초산나트륨[산미료/합성]

햄·베이컨

대장암 발생 위험을 높인다

'햄이나 베이컨을 먹으면 대장암에 걸리기 쉽다'고 말하면 깜짝 놀랄 수도 있지만, 이건 사실이다. 세계보건기구(WHO) 산하 국제암연구소(IARC)는 2015년 10월, '햄이나 소시지, 베이컨 등의 가공육을 1일 50g 섭취하면 직장암 혹은 결장암에 걸릴 위험이 18% 증가한다'는 충격적인 연구 결과를 발표했다. 이는 세계의 연구 논문 800여 편을 분석한 결과라고 한다.

시판 중인 햄과 베이컨에는 색이 거무스름해지는 현상을 막기 위해 발색제인 아질산나트륨이 첨가된다. **아질산나트륨은 맹독인 청산가리만큼의 독성을 가지며 발암물질로 변화하기까지 한다.** 산성을 띠는 위 속에서 고기에 함유된 아민이라는 물질과 결합하여 나이트로소아민류라는 강력한 발암물질로 변화한다. 나이트로소아민류는 햄과 베이컨 자체에 생기는 경우도 있다.

그래서 나이트로소아민류의 생성을 막고자 산화방지제인 비타민C를 첨가하는데 이 정도로는 충분하지 않다. 그래서 대장암에 걸릴 위험이 증가한다고 생각한다.

✳아질산나트륨[발색제/합성], ✳인산염[결착제/합성], ✳증점다당류[증점제/천연], ✳카르민산[착색료/천연], ✳조미료(아미노산 등)[합성], ✳카제인나트륨[호료/합성], ✳목초액[천연], ●비타민C[산화방지제/합성], ●향신료추출물[천연]

소시지

살 거면 '아질산나트륨 무첨가' 제품을 고르자

'아이 도시락 반찬으로 소시지를 넣는다'는 어머니도 많을 테지만, 당장 그만두라고 권하고 싶다. 햄이나 베이컨과 마찬가지로 대장암에 걸릴 위험이 증가하기 때문이다. 국제암연구소(IARC)에서는 가공육이 대장암 발생 위험을 높인다고 발표했는데, **소시지도 가공육의 일종으로 발색제인 아질산나트륨이 첨가된다.** 그 때문에 위 속에서 고기에 함유된 아민이라는 물질과 아질산나트륨이 결합하여 나이트로소아민류로 변화하는 것이다. 소시지 자체에 나이트로소아민류가 들어 있는 경우도 있다.

이러한 문제 때문에 최근에는 아질산나트륨을 첨가하지 않은 '아질산나트륨 무첨가' 소시지나 베이컨이 늘어나고 있다. 예를 들어 '세븐 프리미엄 무첨가 슬라이스 햄로스', '세븐 프리미엄 무첨가 비엔나', '세븐 프리미엄 무첨가 베이컨' 이온 회사의 '톱밸류 무첨가 로스 슬라이스', '톱밸류 무첨가 포크 아라비키 비엔나', '톱밸류 무첨가 베이컨 슬라이스', 신슈햄(나가노현 우에다시)의 그린 마크 시리즈 햄, 소시지, 베이컨 등이 있는데, 이러한 제품들은 안심하고 먹을 수 있다.

✳아질산나트륨[발색제/합성], ✳인산염[결착제/합성], ✳조미료(아미노산)[합성], ✳산도조절제[합성], ●비타민C[산화방지제/합성], ●향신료추출물[천연]

명란젓·구운 명란
위암 발생 위험을 높인다

'명란젓이나 구운 명란을 먹으면 위암에 걸리기 쉽다'고 하면 믿지 않는 사람도 있겠지만, 이를 뒷받침하는 조사 자료가 있다.

일본 국립 암연구센터 '암 예방·검진 연구센터(현재의 암대책연구소)'의 쓰가네 쇼이치로 센터장은 40~59세 남성 약 2만 명을 대상으로 암과 식생활의 관계에 대해 약 10년간 추적 조사했다. 조사에서는 명란젓과 구운 명란 같은 염장 어란을 '거의 먹지 않는다', '주 1~2일 먹는다', '주 3~4일 먹는다', '거의 매일 먹는다'는 그룹으로 분류했다. 그리고 각 그룹에 대해 위암 발생률을 조사했다. 그 결과 '거의 먹지 않는다'는 사람의 암 발생률을 1이라고 치면, '주 1~2일 먹는다'는 사람은 1.58배, '주 3~4일 먹는다'는 사람은 2.18배, 그리고 '거의 매일 먹는다'는 사람은 2.44배까지 치솟았다. **명란젓이나 구운 명란에는 발색제인 아질산나트륨이 첨가되기 때문에 어란에 다량 함유된 아민과 결합하여 나이트로소아민류가 발생한다.** 또 발암성이 의심되는 적색40호와 적색106호, 황색5호 등의 타르색소가 사용된다. 이러한 물질들의 상호작용으로 위암 발생률이 높아진다고 생각한다.

✳아질산나트륨[발색제/합성], ✳적색40호[착색료/합성], ✳적색102호[착색료/합성], ✳적색106호[착색료/합성], ✳적색3호[착색료/합성], ✳황색5호[착색료/합성], ✳조미료(아미노산 등)[합성], ✳효소[천연], ✳증점다당류[증점제/천연], ●비타민C[산화방지제/합성]

✕ | 콘비프·스팸

고야참푸르에는 돼지고기를 사용하자

'예전부터 콘비프를 먹어왔다'는 사람도 있겠지만, 이제부터는 멀리하기를 바란다. 발색제인 아질산나트륨이 첨가되기 때문이다. 콘비프는 통조림 제품이기 때문에 부패하거나 산화할 우려가 거의 없다. 그런데도 아질산나트륨이 사용된다. 소고기가 변색되는 것을 막기 위해서다.

그러나 햄·베이컨 항목에서 서술했듯이 **아질산나트륨은 소고기에 함유된 아민이라는 물질과 결합하여 강력한 발암물질인 나이트로소아민류로 변화한다.** 산화방지제인 비타민C를 첨가해 이를 방지하고는 있지만 충분치는 않다.

한편, 스팸은 오키나와 요리인 고야참푸르(여주 볶음) 등에 자주 사용되는데 역시 아질산나트륨이 첨가된다. 게다가 비타민C도 첨가되지 않기 때문에 그것만으로도 나이트로소아민류가 생기기 쉽다. 고야참푸르를 만들 때는 돼지고기 등을 사용하자.

＊아질산나트륨[발색제/합성], ＊카제인나트륨[호료/합성], ＊조미료(아미노산 등)[합성], ＊변성전분[호료/합성], ●비타민C[산화방지제/합성]

간장 채소절임·생강 초절임
두드러기를 일으킬 우려가 있다 ✕

간장 채소절임(후쿠진즈케)이나 생강 초절임(베니쇼가)을 보고 '섬뜩한 빨간색이네' 하고 느끼는 사람도 있을 것이다. 그렇다. 적색106호, 황색4호, 황색5호, 적색102호 등의 타르색소(합성착색료의 일종)가 사용되기 때문이다. **타르색소는 총 12개 품목에서 첨가물 사용이 허가된 상태지만, 모두 동물 실험 결과 및 그 화학구조에서 발암성이 의심된다.**

간장 채소절임에 흔히 사용되는 적색106호는 세균의 유전자에 돌연변이를 일으켜 염색체를 절단하는 작용이 있기에 발암성이 의심되는 상황이다. 그렇기에 외국에서는 사용이 금지되고 있다. 황색4호도 마찬가지로 염색체를 절단한다. 또 황색4호와 황색5호는 두드러기를 유발한다고 알려져 있다. 심지어 간장 채소절임 속에는 안전성이 의심되는 합성감미료(인공감미료)인 수크랄로스나 아세설팜칼륨이 첨가된 제품도 있다.

한편, 생강 초절임에는 적색102호가 많이 사용된다. 참고로 타르색소 대신 야채색소를 사용하거나 합성감미료를 사용하지 않은 제품도 판매되고 있으니 그런 제품을 고르도록 하자.

✲적색106호[착색료/합성], ✲황색4호[착색료/합성], ✲황색5호[착색료/합성], ✲적색102호[착색료/합성], ✲아세설팜칼륨[감미료/합성], ✲수크랄로스[감미료/합성], ✲조미료(아미노산 등)[합성], ✲산미료[합성], ✲향료[합성·천연], ●잔탄검[증점제/천연]

✕ | 매실 절임
합성감미료를 사용한 제품이 많다

요즘은 '염분이 많다'며 매실 절임(우메보시)을 멀리하는 추세지만, 그보다 더 위험한 첨가물이 든 제품도 있으니 주의해야 한다.

흔히 사용되는 물질은 합성감미료(인공감미료)인 수크랄로스다. 수크랄로스는 자연계에 존재하지 않는 화학 합성 물질이자 유기염소화합물의 일종이다. 덧붙이면 유기염소화합물은 모두 독성물질이며, 농약의 DDT나 맹독인 다이옥신 등이 해당 물질로 알려져 있다. 수크랄로스는 동물 실험 결과 면역력을 떨어뜨릴 수 있다는 사실이 밝혀졌다.

그리고 타르색소인 적색102호를 첨가한 제품도 있다. 적색102호는 사람에 따라서는 두드러기를 일으킬 가능성이 있다. 또, 소화관에서 흡수되어 전신을 돌며 적혈구를 감소시키는 등의 악영향도 우려된다. 심지어 발암성도 의심된다.

그 밖에도 감미료인 스테비아(다음 '단무지' 항목 참조), 조미료(아미노산 등), 산미료, 비타민B_1 등이 사용된다.

✻적색102호[착색료/합성], ✻수크랄로스[감미료/합성], ✻스테비아[감미료/천연], ✻조미료(아미노산 등)[합성], ✻산미료[합성], ✻비타민B_1[영양강화제/합성], ●야채색소[착색료/천연], ●주정[일반음식물첨가물]

단무지 ✕
선명한 노란색에 속지 말자

이유는 모르겠으나 단무지는 옛날부터 보통 노란색을 띠는데, 이렇게 선명한 빛깔을 내기 위해 타르색소 황색4호가 사용된다. **황색4호는 세포의 염색체를 절단하는 작용이 있다. 이는 정상 세포가 암세포로 바뀌는 암화(癌化) 현상과 관계가 깊다.** 게다가 인체에 두드러기를 유발한다고도 알려져 있다.

그리고 합성보존료인 소르빈산칼륨이나 천연감미료인 스테비아를 첨가한 단무지도 판매되고 있다. 스테비아는 남미 원산의 국화과·스테비아 잎에서 추출한 단맛 성분이다. 하지만 유럽연합(EU) 위원회는 체내에서 스테비아가 대사하여 생성된 물질이 수컷 동물의 정소에 악영향을 미친다는 이유로 사용을 허가하지 않았다. 그런데 그 후, 안전성에 대한 재검토가 이루어지면서 유럽연합 위원회는 2011년 12월부터 체중 1kg당 4mg 이하로 섭취를 제한한다는 조건으로 사용을 허가했다. 하지만 불안이 완전히 해소된 것은 아니다.

✻황색4호[착색료/합성], ✻소르빈산칼륨[보존료/합성], ✻스테비아[감미료/천연], ✻조미료(아미노산 등)[합성], ✻산미료[합성], ✻향료[합성·천연], ✻증점다당류[증점제/천연], ●비타민C[산화방지제/합성], ●주정[일반음식물첨가물]

완두콩 통조림
실제 완두콩은 이런 색을 띠지 않는다

생완두콩을 본 적이 있는가? 칙칙한 연두색을 띠고 있다. 그런데 통조림 속에 든 완두콩은 선명한 초록색을 띤다. '왜 이렇게 다를까?' 고개가 갸웃해진다. **원인은 타르색소 황색4호와 청색1호에 있다.** 이 조합은 소다수에도 사용된다.

첨가물 사용이 허용된 타르색소는 12개 품목인데, 전부 그 화학 구조나 동물 실험 결과 등에서 발암성이 의심된다. 황색4호가 든 먹이를 동물에게 먹인 실험에서는 체중 감소, 설사, 위염이 발견되었다. 또 인체에 두드러기를 유발한다고도 알려져 있다.

한편, 청색1호를 녹인 물을 동물에게 주사한 실험에서는 높은 비율로 암이 발생했다. 주사 실험이기 때문에 청색1호가 첨가된 식품을 섭취한 경우에도 같은 결과를 초래할지는 알 수 없으나, 심히 걱정되는 실험 결과다. 황색4호와 청색1호뿐 아니라 타르색소가 든 식품은 되도록 멀리하자.

＊황색4호[착색료/합성], ＊청색1호[착색료/합성], ＊조미료(아미노산 등)[합성], ●젖산칼슘[조미료/합성], ●구연산[산미료/합성]

자몽·레몬·오렌지
국내산을 사자! ✕

마트 등에서 판매되는 수입 자몽이나 레몬, 오렌지는 미국이나 남아메리카 등 먼 나라에서 수 주일에 걸쳐 배로 운송되며, 그 과정에서 곰팡이가 생기거나 부패하는 것을 막기 위해 곰팡이방지제인 OPP(오르토페닐페놀), OPP-Na(오르토페닐페놀나트륨), TBZ(티아벤다졸), 이마잘릴 등이 사용된다. 그런데 동물 실험을 통해 OPP와 OPP-Na에는 발암 가능성이 있고, TBZ에는 기형아 유발 가능성이 있다고 밝혀졌다. '그럼 특히 임산부는 먹지 않는 편이 좋겠네'라고 생각하는 사람도 많을 텐데, 역시 생각하는 그대로다.

이마잘릴도 동물 실험에서 신경 행동 독성이 있으며 간에 악영향을 준다는 사실이 밝혀졌다. 이러한 곰팡이방지제는 껍질뿐 아니라 미량이지만 과육에서도 검출되었다. 반면, 국산 오렌지나 레몬에는 이러한 곰팡이방지제가 사용되지 않는다.

참고로 이들 감귤류를 낱개로 판매할 때는 가격표나 진열대에 사용된 곰팡이방지제를 표시해야 한다.

✳OPP[곰팡이방지제/합성], ✳OPP-Na[곰팡이방지제/합성], ✳TBZ[곰팡이방지제/합성],
✳이마잘릴[곰팡이방지제/합성]

✕ | 라임·스위티
위험한 곰팡이방지제가 잇따라 허가되고 있다

수입 감귤류에는 그 밖에도 라임이나 스위티(자몽과 포멜로의 교배종) 등이 있는데 여기에도 곰팡이방지제가 사용된다. 최근에는 다음과 같은 곰팡이방지제가 허가되었다.

- **플루다이옥소닐** - 원래 농약으로 사용되던 것으로, 쥐를 대상으로 한 실험에서 림프종 발생률이 증가했다.
- **피리메타닐** - 원래는 농약으로 사용되던 것으로, 쥐를 대상으로 한 실험에서 갑상샘 종양이 확인되었다.
- **아족시스트로빈** - 원래는 농약으로 사용되던 것으로, 쥐를 대상으로 한 실험에서 담관염과 담관벽비후, 담관상피과형성 등이 확인되었다.
- **프로피코나졸** - 원래는 농약으로 사용되던 것으로, 쥐를 대상으로 한 실험에서 간세포종양 발생이 확인되었다.

라임과 스위티도 봉지에 든 상품은 봉지에 표기하고, 낱개 판매 상품은 가격표나 진열대 등에 따로 표시해야 한다.

＊플루다이옥소닐[곰팡이방지제/합성], ＊피리메타닐[곰팡이방지제/합성], ＊아족시스트로빈[곰팡이방지제/합성], ＊프로피코나졸[곰팡이방지제/합성]

껌

껌에는 합성감미료인 아스파탐·L-페닐알라닌화합물이 들어간 제품이 상당수 있는데, 칼로리가 적어 다이어트 감미료로 사용되고 있다. 하지만 미국에서는 아스파탐에 대한 안전성 논쟁이 끊이지 않으며, 뇌종양을 일으킬 가능성이 있다는 지적도 나오고 있다. 또한, 백혈병이나 림프종을 일으킨다는 동물 실험 결과도 발표되었다. 따라서 껌은 되도록 멀리하는 편이 좋다.

아스파탐과 합성감미료인 아세설팜칼륨을 함께 첨가한 껌도 있는데, 개를 대상으로 한 실험에서 간 손상을 유발하거나 면역세포 일종인 림프구를 감소시킨다는 사실이 밝혀졌다.

게다가 껌에는 냄새가 매우 강한 향료가 사용된다. 향료는 아무리 많은 첨가물을 섞어 사용해도 '향료'라고만 표시된다. 개중에는 독성이 강한 물질도 있기에 굉장히 불안하다. 더불어 껌베이스가 반드시 사용된다.

✳아스파탐·L-페닐알라닌화합물[감미료/합성], ✳아세설팜칼륨[감미료/합성], ✳껌베이스[합성], ✳향료[합성·천연], ●아라비아검[증점제/천연], ✳광택제[천연], ✳해조추출물[증점제/천연], ✳인산일수소칼슘[껌베이스/합성], ●동클로로필[착색료/합성], ●자일리톨[감미료/합성], ●소르비톨[감미료/합성], ●헤스페리딘[영양강화제/천연]

✕ | 콩과자
선명한 초록색은 적신호!

술안주로 제격인 콩과자. 하지만 완두콩을 사용한 콩과자는 주의가 필요하다. '예쁜 초록 빛이네'라는 둥 그런 태평한 소리를 해서는 곤란하다. 발암성이 의심되는 황색4호와 청색1호로 착색했기 때문이다.

타르색소는 석유 제품에서 화학적으로 합성되며, 황색4호와 청색1호를 포함해 총 12품목의 사용이 허가되었으나, 모두 화학 구조나

동물 실험에서 발암성이 의심되고 있다. **청색1호의 경우, 2% 또는 3% 포함한 용액을 쥐의 피부에 주 1회, 약 2년 동안 주입한 실험에서는 76% 이상에서 간암이 발생했다.** 또 황색4호의 경우, 인간에게 알레르기를 유발한다는 사실이 밝혀졌다.

참고로 일본 과자 제조사인 가루비의 '미노 소라마메'처럼 산화방지제인 비타민C만 첨가된 안전한 콩과자도 판매되고 있다. 그 밖에 타르색소가 사용되지 않은 콩과자도 있으니 그런 제품을 고르도록 하자.

✳황색4호[착색료/합성], ✳청색1호[착색료/합성], ✳팽창제[합성], ✳조미료(아미노산 등)[합성], ✳변성전분[증점제·제조용제/합성], ✳카라멜색소[착색료/천연], ✳향료[합성·천연], ●풀루란[증점제/천연], ●비타민C[산화방지제/합성]

소고기 육포·살라미
실제 살인 사건에 사용된 물질!

소고기 육포나 살라미도 술안주로 인기가 많다. 하지만 이러한 식품에도 햄이나 베이컨과 마찬가지로 색이 거무스름해지는 현상을 방지하기 위해 발색제인 아질산나트륨이 사용된다.

아질산나트륨은 독성이 강하고 위 속에서 고기에 함유된 아민이라는 물질과 결합해 나이트로소아민류라는 강력한 발암물질을 생성한다고 알려져 있다.

그런데 독일에서 1980년대 중반에 이런 사건이 벌어졌다. 모 대학의 화학 교수가 '아내를 죽이겠다!'는 살인 계획을 세우고, 아내가 좋아하는 잼에 나이트로소아민류를 몰래 섞어 먹였다. 그리고 결국 그의 아내는 간암에 걸려 사망하고 말았다.

교수는 '완전 범죄'에 성공한 듯 보였으나, 경찰이 잼에 섞인 나이트로소아민류를 발견해 붙잡혔다. 부디 나이트로소아민류와 아질산나트륨은 주의하기를 바란다.

✳아질산나트륨[발색제/합성], ✳소르빈산칼륨[보존료/합성], ✳조미료(아미노산 등)[합성], ✳카라멜색소[착색료/천연], ✳인산염[제조용제/합성], ✳증점다당류[증점제/천연], ●비타민C[산화방지제/합성], ●트레할로스[감미료/천연], ●소르비톨[감미료/합성], ●향신료추출물[천연]

✕ 목캔디
위험한 첨가물 덩어리

입에 물고만 있어도 기분이 상쾌해지는 목캔디. 하지만 매우 위험한 합성감미료가 몇 가지나 사용된다.

우선 아스파탐. 껌 항목에서 말했듯이 뇌종양을 일으킬 가능성이 있다는 지적이 나오고 있다. 또한 백혈병과 림프종을 일으킨다는 동물 실험 결과도 발표되었다. 다음으로 아세설팜칼륨. 이는 자연계에 존재하지 않는 화학 합성 물질로 개를 대상으로 한 실험에서 간 손상을 유발하거나 면역세포 일종인 림프구를 감소시킨다는 사실이 밝혀졌다. 그리고 수크랄로스. 이것은 유기염소화합물(다이옥신과 농약인 DDT 등이 있으며 대부분이 독성물질) 일종으로 쥐를 대상으로 한 실험에서 림프구를 감소시킨다는 사실이 시사되었다.

이 밖에도 향료와 착색료, 유화제, 미립산화규소 등이 사용된다. 미립산화규소는 유리 성분의 이산화규소를 미립자 상태로 만든 물질이다. 소화 흡수되지 않고 배설된다고 여겨지는데 소화관 등에 어떤 영향을 미칠지는 미지수다.

✳아스파탐·L-페닐알라닌화합물[감미료/합성], ✳아세설팜칼륨[감미료/합성], ✳수크랄로스[감미료/합성], ✳청색1호[착색료/합성], ✳향료[합성·천연], ✳산미료[합성], ✳미립산화규소[고결방지제/합성], ✳치자색소[착색료/천연], ●자당에스테르[유화제/합성], ●소르비톨[감미료/합성], ●젖산칼슘[영양강화제/합성]

탄산음료

아이가 졸라도 사주지 말자

보통 탄산음료에는 보존료가 사용되지 않는다. 탄산에 살균 작용이 있어 사용할 필요가 없기 때문이다. 그런데 일부 탄산음료에는 어째서인지 합성보존료인 안식향산나트륨이 첨가된다. '환타 그레이프'(코카콜라 커스터머 마케팅)도 그중 하나다. 꾸준한 인기 상품으로 슈퍼 등에서 판매되고 있지만, 안식향산나트륨이 사용된다.

"왜 보존료를 사용하죠?" 하고 따져 묻고 싶지만, 추측건대 가열 살균하지 않아서 부패를 막기 위해 사용하는 것 같다.

안식향산나트륨은 쥐에게 일정량 투여하자 경련과 요실금 등을 일으키며 죽은 위험한 물질이다. 음료에 첨가된 안식향산나트륨은 미량이긴 하지만, 탄산음료는 아이들도 즐겨 먹는 식품이기에 그 악영향이 심히 우려된다.

그 밖에도 카라멜색소와 천연감미료인 스테비아도 사용되는데, 이러한 물질도 염려스럽기는 마찬가지다. 참고로 사이다에는 보존료가 사용되지 않는다.

＊안식향산나트륨[보존료/합성], ＊카라멜색소[착색료/천연], ＊향료[합성·천연], ＊산미료[합성], ＊스테비아[감미료/천연], ●안토시아닌[착색료/천연], ●비타민B₆[영양강화제/합성], ●탄산[제조용제/합성]

✕ | 콜라
합성감미료가 뇌졸중이나 치매 위험을 높인다

다이어트 콜라는 콜라 중에서도 인기가 많은 상품이다. 하지만 합성감미료인 아스파탐과 수크랄로스, 아세설팜칼륨, 카라멜 색소 등 '먹으면 안 되는' 첨가물이 잔뜩 사용된다.

2017년 4월, 미국 보스턴대학 연구진은 합성감미료를 섭취하면 뇌졸중이나 치매에 걸릴 위험이 높아진다는 조사 결과를 발표했다. 동 연구진은 매사추세츠주의 플라밍엄 마을에서 주민의 건강을 지속적으로 조사했다. 뇌졸중은 45세 이상의 남녀 2888명, 치매는 60세 이상의 남녀 1484명을 대상으로 식습관 등을 상세히 들은 후, 10년 이내 뇌졸중에 걸린 97명과 치매에 걸린 81명에 대해 분석한 것이다.

그 결과, 합성감미료가 들어간 다이어트 음료를 하루에 1회 이상 마신 사람은 그렇지 않은 사람보다 허혈성 뇌졸중이나 알츠하이머병(치매의 일종)에 걸릴 확률이 약 3배나 높았다.

✳아스파탐·L-페닐알라닌화합물[감미료/합성], ✳수크랄로스[감미료/합성], ✳아세설팜칼륨[감미료/합성], ✳카페인[고미료/천연], ✳카라멜색소[착색료/천연], ✳산미료[합성], ✳향료[합성·천연], ●탄산[제조용제/합성]

캔커피
미당 타입은 권하지 않는다

캔커피는 유명 회사에서 다양한 제품이 출시되어 판매되는데 주류는 미당(微糖) 타입이다. 하지만 그러한 제품에는 설탕 대신 합성감미료인 아세설팜칼륨이나 수크랄로스가 첨가된다.

아세설팜칼륨은 개를 대상으로 한 실험에서 간에 손상을 주고 면역세포 일종인 림프구를 감소시킨다는 사실이 밝혀졌다. 이것은 면역력이 저하되었음을 시사한다. 또 수크랄로스는 쥐를 대상으로 한 실험에서 림프구를 감소시킨다는 사실이 밝혀졌다.

미당 타입이 아닌 캔커피에도 카제인나트륨, 유화제, 향료, 비타민C 등이 첨가된다. 카제인나트륨은 음식을 걸쭉하게 만드는 증점제다. 우유 등에 함유된 카제인이라는 단백질과 나트륨을 결합한 물질이라서 딱히 문제 될 건 없다. 다만, 유화제와 향료는 명칭을 일괄적으로 표시하고 구체적인 물질명을 표시하지 않으므로 무엇이 사용되었는지 알 수 없다.

캔커피를 마시고 싶다면 무당이나 블랙 제품을 고르자.

✳아세설팜칼륨[감미료/합성], ✳수크랄로스[감미료/합성], ✳카제인나트륨[증점제/합성], ✳유화제[합성·천연], ✳향료[합성·천연], ●비타민C[산화방지제/합성]

✕ | 드링크제
합성보존료가 들었는데 몸에 좋을까?

'조금만 더 힘내보자!' 하며 드링크제를 벌컥벌컥 마시는 사람도 있을 것이다. 그러나 한 가지 우려스러운 점이 있다. 바로 합성감미료인 안식향산나트륨이 들어간 제품이 많다는 것이다.

드링크제는 식품으로 분류된 제품과 의약품이나 의약외품으로 분류된 제품이 있는데, 이들 모두에는 안식향산나트륨이 사용된다.

안식향산나트륨은 독성이 강해서 쥐에게 일정량을 투여하자 경련과 요실금 등을 일으키며 죽었다. 또한, 비타민C 등과 화학 반응을 일으켜 인간에게 백혈병을 유발하는 물질로 밝혀진 벤젠으로 변화한다. 참고로 야쿠르트 제품인 '터프맨V'처럼 안식향산나트륨과 합성감미료인 수크랄로스가 첨가된 제품도 있다.

애초에 드링크제가 정말 건강에 좋은지 의심스럽다. 함유된 카페인으로 인한 각성 작용을 착각하는 건 아닐까.

✲안식향산나트륨[보존료/합성], ✲수크랄로스[감미료/합성], ✲향료[합성·천연], ✲바닐린[향료/합성], ✲산미료[합성], ●D-소르비톨[감미료/합성], ●구연산[산미료/합성], ●글리세린[용제/합성], ●아르지닌[영양강화제/천연], ●비타민B₂[영양강화제/합성], ●비타민B₆[영양강화제/합성]

에너지 드링크
진짜 파워업 될까?

✕

'기운을 내고 싶을 때 에너지 드링크를 마신다'는 사람이 많을 것이다. 하지만 진짜 기운이 날까? 기운의 근원 물질은 아미노산의 일종인 L-아르지닌이나 L-카르니틴 등인데, 신체의 파워업을 뒷받침할 만한 자료는 어디에도 보이지 않는다.

에너지 드링크에는 드링크제와 마찬가지로 합성보존료인 안식향산나트륨이나 안식향산이 첨가된다. 안식향산나트륨은 독성이 강하고 비타민C와 화학 반응을 일으켜 인간에게 백혈병을 일으킨다고 밝혀진 벤젠으로 변화한다. 안식향산도 마찬가지다. 합성감미료인 수크랄로스는 유기염소화합물(다이옥신과 농약인 DDT 등 대부분이 독성 물질) 일종으로 쥐를 대상으로 한 실험에서 림프구를 감소시킨다는 사실이 밝혀졌다.

카페인은 커피나 녹차 등에도 들어 있으며, 대뇌에 작용해서 감각이나 정신 기능을 예민하게 만들고 잠을 깨우는 작용을 한다. 아이가 섭취하면 흥분하거나 수면을 방해하므로 주의가 필요하다.

✳안식향산나트륨[보존료/합성], ✳안식향산[보존료/합성], ✳수크랄로스[감미료/합성], ✳향료[합성·천연], ✳카페인[고미료/천연], ✳카라멜색소[착색료/천연], ●L-아르지닌[영양강화제/천연], ●D-리보오스[감미료/천연], ●탄산[제조용제/합성], ●안토시아닌[착색료/천연], ●이노시톨[영양강화제/천연], ●비타민B₂[영양강화제/합성], ●비타민B₆[영양강화제/합성], ●비타민B₁₂[영양강화제/합성]

✕ 흑초 음료

언뜻 몸에 좋아 보이지만……

'흑초는 몸에 좋다'는 인식이 퍼지면서 흑초를 사용한 음료가 판매되고 있다. 사진 속 '다마노이 꿀흑초 다이어트'(다마노이초)가 대표적인 제품이다. '칼슘/비타민C/비타민E/식이섬유'와 몸에 좋은 성분이 들어 있다는 점을 강조하지만, 합성감미료인 아스파탐이 첨가된다.

아스파탐은 아미노산인 L-페닐알라닌과 아스파라긴산, 그리고 독극물에 버금가는 메틸알코올을 결합해 만든 물질로, 설탕보다 180~200배나 달다. 하지만 미국은 1990년대 후반, 아스파탐이 뇌종양을 일으킬 가능성이 있다는 사실을 지적했다. 또한, 2005년에 이탈리아에서 행해진 동물 실험에서는 아스파탐이 백혈병과 림프종을 유발한다는 사실이 인정되었으며, 인간이 식품을 통해 섭취하는 양에서도 신체 이상이 관찰되었다.

참고로 아스파탐 등의 합성감미료를 첨가하지 않은 흑초 음료도 판매되고 있으니 원재료명을 잘 살펴보고 고르자.

✳아스파탐·L-페닐알라닌화합물[감미료/합성], ✳산미료[합성], ✳향료[합성·천연], ●탄산칼슘[영양강화제/합성], ●비타민C[영양강화제/합성], ●난각칼슘[영양강화제/천연], ●비타민B₆[영양강화제/합성], ●비타민B₂[영양강화제/합성], ●비타민E[영양강화제/합성·천연], ●비타민D[영양강화제/합성], ●비타민B₁₂[영양강화제/합성]

보충 음료 | ✕
기능도 애매하고 합성감미료도 첨가된다

음주 전에 마시면 숙취 해소에 좋다는 '심황의 힘'(하우스웰니스푸드). 그러나 이러한 제품은 특정 보건용 식품과 기능성 표시 식품, 둘 중 어디에도 해당하지 않기 때문에 기능을 표시하기가 어렵다. 도키와 약품공업의 '강강타파' 제품 등도 마찬가지다.

하지만 '효과가 있다'는 근거가 거의 없는데도 이런 음료가 계속해서 개발되며 불타나게 팔리고 있어 무척 의아하다. 텔레비전 광고에서 '효과가 있다'고 하니까 플라시보로 인해 효과가 있다고 착각하는 건 아닐까.

이러한 제품에는 대부분 합성감미료인 아세설팜칼륨이나 아스파탐, 수크랄로스가 첨가되는데, 이 점만 봐도 권하고 싶지 않은 제품이다.

참고로 심황색소는 생강과 건조한 심황에서 얻은 노란색 색소다. 동물 실험에서 독성을 시사하는 자료도 있지만, 심황은 카레 가루 원료로 많이 사용되므로 딱히 문제는 없을 것으로 보인다.

✳아세설팜칼륨[감미료/합성], ✳아스파탐·L-페닐알라닌화합물[감미료/합성], ✳수크랄로스[감미료/합성], ✳심황색소[착색료/천연], ✳향료[합성·천연], ✳산미료[합성], ✳카페인[고미료/천연], ✳증점다당류[증점제/천연], ✳유화제[합성·천연], ✳비타민B$_1$[영양강화제/합성], ●비타민C[영양강화제·산화방지제/합성], ●이노시톨[영양강화제/천연], ●토마틴[감미료/천연], ●환형올리고당[제조용제/천연], ●비타민B$_2$[영양강화제/합성], ●비타민B$_6$[영양강화제/합성]

✕ │ 젤리 음료
걸쭉한 성분의 정체가 의심스럽다

젤리 음료로는 사진 속 '크러시 타입의 곤약 농장 라이트'(만난라이프)나 모리나가유업의 'in 젤리 에너지'가 대표적이며, 이러한 제품들은 증점제인 증점다당류로 인해 걸쭉한 액체가 만들어진다.

증점다당류는 식물이나 해조, 세균 등에서 추출한 점성이 있는 다당류로, 잔탄검과 카라기난, 구아검 등 약 30품목이 있다. 기본적으로 포도당이 결합한 다당류이기 때문에 그만큼 독성이 강한 물질은 아니지만, 몇 가지 안전성에 의심이 가는 부분이 있다.

게다가 1품목을 사용한 경우는 구체명이 표시되지만, 2품목 이상을 사용한 경우는 '증점다당류'로만 표시되기 때문에 무엇이 들었는지 알 수 없다.

젤리 음료는 사진 속 제품처럼 합성감미료인 수크랄로스나 아세설팜칼륨이 첨가된 제품이 적지 않으므로 주의가 필요하다.

✽수크랄로스[감미료/합성], ✽아세설팜칼륨[감미료/합성], ✽증점다당류[겔화제/천연], ✽산미료[합성], ✽향료[합성·천연], ✽유화제[합성·천연], ✽염화칼륨[조미료/합성], ●젖산칼슘[영양강화제/합성], ●판토텐산칼슘[영양강화제/합성], ●비타민A[영양강화제/합성], ●비타민E[영양강화제/합성·천연], ●비타민B₂[영양강화제/합성]

무알코올 맥주

합성감미료와 뇌졸중·치매와의 깊은 관계

오늘날 다이어트 감미료의 대명사가 된 합성감미료인 아세설팜칼륨은 무알코올 맥주는 물론 다양한 음료에 들어 있다.

아세설팜칼륨은 자연계에 존재하지 않는 화학 합성 물질로 설탕의 약 200배에 달하는 단맛을 낸다. 하지만 개에게 아세설팜칼륨 0.3% 및 3% 포함된 먹이를 2년 동안 먹인 실험에서는, 0.3% 그룹에서 림프구 감소가 확인되었고, 3% 그룹에서 GPT(간에 장애가 있을 때 증가한다) 증가와 림프구 감소가 확인되었다. 즉, 간과 면역에 대한 손상이 우려된다. 또한, 임신한 쥐를 대상으로 한 실험에서는 태아에게도 영향을 미칠 수 있다는 사실이 밝혀졌다.

카라멜색소에는 Ⅰ, Ⅱ, Ⅲ, Ⅳ 4종류가 있는데 Ⅲ, Ⅳ에 4-메틸이미다졸이라는 발암물질이 들어 있다.

참고로 기린맥주의 '그린즈 프리'에는 합성감미료와 카라멜색소 모두 사용되지 않는다.

＊아세설팜칼륨[감미료/합성], ＊산미료[합성], ＊카라멜색소[착색료/천연], ＊향료[합성·천연], ＊고미료[천연], ●탄산[제조용제/합성], ●비타민C[산화방지제/합성]

✕ | 와인
빈티지 제품도 위험

첨가물 강연 중에 "와인을 마시면 머리가 아픈 분 있으세요?" 하고 물으면 4명 중 1명 정도는 손을 든다. 아마 산화방지제로 사용되는 아황산염이 두통의 원인일 것이다. 왜냐하면 두통을 호소하는 사람이라도 무첨가 와인을 마시면 머리가 아프지 않기 때문이다.

시판되는 와인에는 수입산과 국산을 불문하고 라벨에 '산화방지제(아황산염)'라고 적혀 있다. 이것은 대부분은 이산화황을 뜻한다. 와인은 포도를 효모로 발효시켜 만드는데, 여기에 잡균 소독 또는 효모의 증가로 발효가 진행되는 것을 억제하고 산화로 인한 변질을 방지하기 위해 이산화황을 첨가한다. 유럽에서는 옛날부터 이산화황을 사용해왔기 때문에 수십 년산 와인에는 이산화황이 잔뜩 들어 있을지도 모른다. 이산화황은 세균을 죽일 정도로 독성이 굉장히 강해서 비타민B₁ 결핍과 간 손상을 유발할 위험도 있다. 편의점이나 마트 등에서는 무첨가 와인도 판매되고 있으니 그런 제품을 구매하면 좋을 듯하다. 가격도 저렴하고 맛도 나쁘지 않다.

✳아황산염[산화방지제/합성], ✳소르빈산칼륨[보존료/합성]

다이어트 감미료
다이어트에 성공해도 건강을 해치면 소용없다 ✕

세상은 지금 다이어트 열풍이다. '다이어트 ○○'라고 이름 붙이기만 해도 판매량이 증가하는데, 다이어트 감미료가 이런 열풍을 불러일으킨 물질이다.

'펄 스위트(아지노모토)'는 다이어트 감미료의 대표 제품으로 합성감미료인 아스파탐과 아세설팜칼륨 등의 혼합물이다.

'칼로리 60% 다운'을 내걸고 있지만, 아스파탐은 미국의 여러 연구자에게 뇌종양을 일으킬 가능성이 있다는 지적을 받으며, 최근 동물 실험에서는 백혈병과 림프종을 유발한다는 사실도 밝혀졌다.

아세설팜칼륨은 2000년에 허가된 새로운 첨가물로 안전성에 문제가 있다.

그 밖에 아미노산의 일종인 알라닌과 낫토균에서 얻은 폴리글루탐산이 함유되는데, 모두 안전성에 문제는 없다.

✳아스파탐·L-페닐알라닌화합물[감미료/합성], ✳아세설팜칼륨[감미료/합성], ✳향료[합성·천연], ●알라닌[조미료·영양강화제/합성·천연], ●폴리글루탐산[증점제/천연]

✕ | 화학조미료
원재료가 모두 첨가물이다

일본의 대표 조미료인 '아지노모토'는 옛날에는 화학조미료라고 했지만, 지금은 감칠맛 조미료라고 불린다. 아지노모토의 97.5%는 L-글루탐산나트륨이고, 나머지는 5'-리보뉴클레오티드나트륨이다. 즉, 모두 첨가물이다.

L-글루탐산나트륨은 원래 다시마의 감칠맛 성분으로 요즘은 발효법에 따라 제조되지만, 한꺼번에 많이 섭취하면 민감한 사람은 중국 식당 증후군에 걸릴 위험이 있다. 이 증후군에 걸리면 얼굴에서 팔까지 열감을 느끼거나 저리거나 나른한 증세를 보인다. 따라서 되도록 절임이나 달걀 등에 조미료를 삼가야 한다.

또 어릴 때부터 조미료에 익숙해지면 조미료가 들지 않은 음식은 맛이 없다고 느끼며, 식품 본연의 맛을 알지 못하게 될 가능성이 있으므로 주의가 필요하다.

참고로 주식이나 가공식품 과자, 조미료 등 수많은 식품에 '조미료(아미노산 등)'가 첨가되는데, 이것은 대부분 L-글루탐산나트륨이 주성분이다.

✳L-글루탐산나트륨[조미료/합성], ●5'-리보뉴클레오티드나트륨[조미료/합성]

제 2 장

먹으면 안 되거나 먹어도 되는

첨가물의 중간 첨가물이 든 식품

△
△
△

2

편의점 삼각김밥

홍연어나 다시마는 첨가물이 적다

편의점마다 연어, 다시마, 매실절임, 명란, 연어알 등 다양한 재료의 삼각김밥이 판매되고 있다. 명란 삼각김밥의 경우, 예전에는 재료인 명란젓에 발색제인 아질산나트륨을 첨가했다. 그러나 요즘에는 아질산나트륨이 거의 사용되지 않고 홍국 등의 색소를 이용해 붉은색을 유지한다. 연어알 삼각김밥의 연어알에도 아질산나트륨이 첨가되지 않는다. 그만큼 위험성이 적어졌음을 의미한다.

편의점 삼각김밥에는 보존료가 사용되지 않는다. 대신 산도조절제와 산미료 등이 사용된다. 이러한 물질에는 구연산이나 젖산 같은 산(酸)이 많아서, 그 산의 작용으로 세균 증식을 억제해 보존성을 높인다. 또 조미료(아미노산 등)나 글리신도 많이 사용된다. 글리신은 아미노산의 일종이자 감칠맛 성분으로 세균 증식을 억제하는 작용을 한다.

참고로 '세븐일레븐 삼각김밥이 맛있다'는 목소리도 들리는데, 이는 첨가물을 최소한으로 줄이고 원재료의 맛을 살렸기 때문이다. 예를 들어 '직화구이 홍연어'에는 산도조절제만 첨가되고 '홋카이도 콘부'에는 첨가물이 들어 있지 않다.

✳산도조절제[합성], ✳산미료[합성], ✳조미료(아미노산 등)[합성], ✳글리신[조미료/합성], ✳증점다당류[증점제/천연], ✳효소[천연], ✳유화제[합성·천연], ✳변성전분[증점제/합성], ✳홍국색소[착색료/천연], ✳카로티노이드[착색료/천연], ✳향료[합성·천연], ●비타민C[산화방지제/합성], ●주정[일반음식물첨가물], ●향신료추출물[천연]

달콤한 빵
되도록 단팥빵을 먹자

'밥 대신 달콤한 빵을 먹는다'는 사람도 있을 것이다. 편의점에는 단팥빵이나 잼이 들어간 빵, 크림빵 등 여러 종류가 있는데, 그중 첨가물이 적은 제품은 단팥빵이다. 보통 이스트 푸드, 유화제, 비타민C 등이 첨가되며, 개중에는 첨가물이 들지 않은 제품도 있다.

이스트푸드는 염화암모늄이나 탄산칼슘 등 18품목 중에서 몇 가지를 골라 빵효모(이스트)에 섞어서 만든다. 염화암모늄은 독성이 강한 물질인데도 구체명(물질명)이 표시되지 않기 때문에 무엇이 사용되었는지 알 수 없다.

유화제는 물과 기름이 잘 섞이게 하는 물질이다. 합성유화제에는 12품목이 있는데, 그중 5품목만 안전성이 높고 나머지는 불안한 면이 있다.

크림빵이나 초코빵에는 합성보존료인 소르빈산칼륨이 사용되는 제품이 있다. 유사물질인 소르빈산을 땅콩기름 또는 물에 타서 실험용 흰 쥐에게 주사한 실험에서는 주사한 부위에 암이 발생했다.

✱소르빈산칼륨[보존료/합성], ✱이스트푸드[합성], ✱유화제[합성·천연], ✱변성전분[증점제/합성], ✱산미료[합성], ✱향료[합성·천연], ✱증점다당류[증점제/천연], ✱글리신[조미료/합성], ✱카로티노이드[착색료/천연], ●초산나트륨[산도조절제/합성], ●카로틴색소[착색료,천연], ●비타민B₂[착색료/합성], ●비타민C[소맥분개량제/합성]

생우동·생소바
첨가물은 굉장히 적다

'컵우동이나 컵소바랑 무슨 차이가 있지?'라며 궁금해하는 사람도 있을 것이다. 차이는 첨가물을 적게 사용한다는 데 있다.

사용되는 물질은 산미료나 변성전분 등 소수에 그친다. 산미료는 보존을 위해 첨가되며, 구연산이나 젖산 등 원래 식품에 들어 있는 물질인 만큼 위험하지 않다. 단, 구체적인 명칭은 알 수 없다.

글리신은 아미노산 일종으로 식품에 함유되어 있으며, 특히 어패류에 많이 들어 있다. 동물 실험에서는 중독 증상을 일으킨다는 보고도 있지만, 글리신 성분이 함유된 건강보조식품에서 문제가 발생하지 않은 점으로 보아 인간에게는 거의 해롭지 않은 듯하다.

알긴산에스테르는 약어로 정식 명칭은 알긴산프로필렌글리콜이라고 한다. 해조에 포함된 점성 물질인 알긴산과 프로필렌글리콜이 결합한 물질이다. 지금까지 실시된 동물 실험에서는 독성이 거의 발견되지 않았다. 단, 알레르기성 체질인 사람이 섭취하면 피부 발진을 일으킬 위험이 있다.

✳산미료[합성], ✳변성전분[호료/합성], ✳글리신[조미료/합성], ✳알긴산프로필렌글리콜[호료/합성], ●주정[일반음식물첨가물], ●폴리글루탐산[증점제/천연]

생라멘 | △

인스턴트 라멘보다 첨가물은 적지만……

생라멘이 봉지에 든 인스턴트 라멘과 다른 점은 면을 기름에 튀기지 않고, 첨가물을 적게 사용한다는 것이다. 기름에 튀기지 않으므로 해로운 과산화지질이 발생하지 않는다. 그래서 산화방지제를 사용하지 않는다.

면에는 간수와 치자색소, 증점다당류 등이 사용된다. 간수는 라면 특유의 향과 색을 내기 위해 면에 첨가된다. 독성이 강하지 않지만, 민감한 사람은 냄새를 느끼거나 속 쓰림이 나타날 수 있다.

치자색소는 치자나무 열매에서 추출한 노란색 색소로 쥐에게 대량 투여한 실험에서는 설사를 일으키거나 간에 악영향을 미친다는 사실이 밝혀졌다. 하지만 첨가물에서는 미량만 사용되기 때문에 안전성에 문제는 없다.

증점다당류는 나무껍질이나 해조 등에서 추출한 점성 성분이다. 함께 들어 있는 수프에는 조미료(아미노산 등), 카라멜색소, 산미료 등이 첨가된다. 유감스럽게도 무첨가 제품은 아직 없으므로 되도록 첨가물이 적은 제품을 고르자. 탕면 중에는 카라멜색소를 사용하지 않은 제품도 있다.

✳간수[합성], ✳변성전분[증점제/합성], ✳치자색소[착색료/천연], ✳조미료(아미노산 등)[합성], ✳카라멜색소[착색료/천연], ✳향료[합성·천연], ✳산미료[합성], ●주정[일반음식물첨가물], ●젖산나트륨[산도조절제/합성], ●잔탄검[증점제/천연], ●향신료추출물[천연]

볶음우동

카라멜색소가 신경 쓰인다!

'집에서 볶음우동(야키소바)을 만들어 먹는다'는 사람은 거의 없을 것이다. 마트에는 사진 속 '마루짱 야키소바'(도요수산)나 시마다야 제품이 진열되어 있다. 컵볶음우동에 비하면 첨가물 수가 적고 볶음우동 본연의 맛이 살아 있다. 하지만 유감스럽게도 소스로 카라멜색소가 사용된다.

카라멜색소는 많은 식품에 사용되지만, 카라멜색소Ⅰ과 카라멜색소Ⅱ에는 발암성이 있는 4-메틸이미다졸은 들어 있지 않기 때문에 그만큼 문제는 없다. 걱정되는 사람은 고객센터에 Ⅰ~Ⅳ 중 무엇이 들어 있는지 문의해보자. 내 경험에 따르면 대부분 알려줬다.

아니면 소스가 들어 있지 않은 볶음우동을 구매해 집에서 무첨가 소스로 맛을 내도 좋다. 단 제품에 따라서는 보존료인 이리단백이 첨가되기 때문에 주의해야 한다. 이리단백은 생선 정소에서 추출한 물질로 동물 실험에서 백혈구와 간 중량 감소가 발견되었으므로 안전하다고 볼 수는 없다.

✳이리단백[보존료/천연], ✳조미료(아미노산 등)[합성], ✳산미료[합성], ✳카라멜색소[착색료/천연], ✳변성전분[증점제/합성], ✳향료[합성·천연], ●주정[일반음식물첨가물], ●향신료추출물[천연]

시리얼
비타민과 미네랄을 강화한다

'아침에는 시리얼을 먹는다'는 사람도 적지 않을 것이다. 원재료로 귀리나 호밀이 사용되고, 첨가물인 영양강화제로 인해 비타민C와 비타민E, 철 등의 영양소가 강화되어, 언뜻 먹으면 건강에 좋을 것처럼 보인다. 하지만 변성전분, 유화제, 산미료, 향료 등의 첨가물이 사용된다.

영양강화제는 특정 영양을 강화하기 위해 첨가하는 물질로 비타민류, 아미노산류, 미네랄류가 있으며, 비타민A, 비타민C, 비타민B군 등이 사용된다. 원래 식품에 함유된 영양 성분이기에 과다 섭취하지 않는 한 안전성에 문제는 없다.

그리고 영양강화제는 표시 면제 대상이기 때문에 사용했더라도 표시하지 않는 것이 일반적이다. 단, 업체 측에서 영양강화를 소비자에게 알리고 싶은 경우에는 표시할 수 있다.

변성전분에 대해 일본 내각부의 식품안전위원회는 '안전성에 문제가 없을 것으로 사료된다'고 밝혔지만, 전부 안전하다고는 단언할 수 없는 상황이다.

✳변성전분[증점제/합성], ✳유화제[합성·천연], ✳산미료[합성], ✳향료[합성·천연], ✳탄산수소나트륨[팽창제/합성], ●글리세린[합성], ●비타민E[영양강화제·산화방지제/합성·천연], ●비타민A[영양강화제/합성], ●비타민B₂[영양강화제·착색료/합성], ●철[영양강화제/천연], ●비타민D[영양강화제/합성], ●판토텐산칼슘[영양강화제/합성], ●나이아신[영양강화제/합성], ●로즈마리추출물[산화방지제/천연]

△ | 카레·스튜
합성감미료가 들어간 제품은 피하자

아이가 카레를 좋아해서 시판되는 카레 제품을 산다는 사람도 많으리라 생각한다. 하지만 카레와 스튜 모두 조미료(아미노산 등)와 산미료, 향료가 사용된다.

조미료(아미노산 등)로는 L-글루탐산나트륨이 주로 사용된다(화학조미료 항목 참조). 산미료는 구연산이나 젖산 등 원래 식품에 들어 있는 경우가 많아서 독성이 강한 물질은 발견되지 않았다. 단, 명칭을 일괄적으로 표시하기 때문에 구체적으로 무엇이 사용되었는지 알 수 없다.

특히 카레루에는 카라멜색소가 더 많이 사용된다. 카라멜색소에는 Ⅰ, Ⅱ, Ⅲ, Ⅳ 4종류가 있는데, 그중 Ⅲ, Ⅳ에는 발암물질이 들어 있다. 그러나 '카라멜색소'로만 표시되기 때문에 무엇이 들어 있는지 알 수 없다. 불안하다면 판매처 고객센터에 문의하자. Ⅰ~Ⅳ 중 무엇이 사용되었는지 대강 알려달라고 말이다. 최근에는 합성감미료인 수크랄로스나 아세설팜칼륨을 첨가한 제품들도 판매되고 있다. 이런 제품은 되도록 피하자.

✳수크랄로스[감미료/합성], ✳아세설팜칼륨[감미료/합성], ✳조미료(아미노산 등)[합성], ✳유화제[합성·천연], ✳산미료[합성], ✳카라멜색소[착색료/천연], ✳향료[합성·천연], ●향신료추출물[천연], ●비타민C[산화방지제/합성], ●비타민E[산화방지제/합성·천연]

미트볼·함박스테이크
카라멜색소가 불안하다

'미트볼과 함박스테이크도 햄과 소시지처럼 안 먹는 게 좋을까?' 하며 불안해하는 사람도 있을 텐데, 햄과 소시지와 달리 발색제인 아질산나트륨은 사용되지 않는다. 케첩이나 간장 등으로 양념을 해서 색깔을 선명하게 유지할 필요가 없기 때문이다. 단, 조미료(아미노산 등), 변성전분, 카라멜색소 등이 사용된다.

변성전분은 전분에 화학 처리를 해서 초산전분이나 산화전분 등으로 바꾼 물질이다. 여기에는 11품이 있으며 일본 내각부의 식품안전위원회는 '안전성에 문제가 없을 것으로 사료된다'고 밝혔으나, 모든 물질이 안전하다고는 단정할 수 없는 상황이다.

조미료(유기산 등)는 구연산칼슘과 호박산 등의 산이 주로 함유된 물질로 강한 독성은 발견되지 않지만, 구체적으로 무엇이 사용되었는지 알 수 없다. 또한, 카라멜색소가 사용된 제품도 적지 않다.

참고로 '이시이 오벤토군 미트볼'과 '이시이 치킨 함박'(이시이식품)은 첨가물을 사용하지 않기 때문에 아이에게 안심하고 먹여도 된다.

＊조미료(아미노산 등)[합성], ＊변성전분[증점제/합성], ＊조미료(유기산 등)[합성], ＊카라멜색소[착색료/천연]

△ | 어육 소시지
입안에 훈제 맛이 남는다

어육 소시지는 대구나 임연수 등의 어육으로 만든 소시지다. 아마 '옛날엔 자주 먹었지' 하고 추억하는 사람도 많으리라 생각한다. 어육은 돼지고기나 소고기와 달리 검게 잘 변하지 않기 때문에 발색제인 아질산나트륨이 사용되지 않는다.

목초액은 사탕수수, 죽재(竹材), 옥수수, 목재를 연소시켰을 때 발생한 가스 성분을 포집하고 건류시켜 얻는 물질이므로 훈연향이라고도 하며, 주로 햄이나 소시지 등에 사용된다. 미국에서도 사용되는 물질이지만, 일본에서는 안전성 조사가 거의 이루어지지 않아서 안전성은 불명확하다. 목초액이 첨가된 식품을 먹으면 입안에 훈제 맛이 남게 된다.

코치닐색소는 남미에 서식하는 깍지벌렛과의 연지벌레를 건조하여 뜨거운 물 또는 데운 에틸알코올로 추출해서 얻은 적자색 색소로 카르민산이라고도 한다. 코치닐색소를 3% 포함한 먹이를 쥐에게 13주 동안 급여한 실험에서는 중성지방과 콜레스테롤이 증가했다. 너무 많이 섭취하지 않도록 주의하자.

＊변성전분[호료/합성], ＊조미료(아미노산 등)[합성], ＊목초액[제조용제/천연], ＊치자색소[착색료/천연], ＊카로티노이드[착색료/천연], ＊코치닐색소[착색료/천연], ●탄산칼슘[영양강화제/합성], ●향신료추출물[천연], ●비타민E[산화방지제/합성·천연]

조미 닭가슴살

인기 있지만 위험한 식품

'고단백 저지방'으로 인기 있는 조미 닭가슴살. 하지만 첨가물 문제는 없을까?

우선 L-글루탐산나트륨을 사용한 조미료가 들어가는데, 기업에서는 이를 첨가하지 않으면 '팔리지 않는다'고 생각하는 것 같다. 하지만 L-글루탐산나트륨을 한 번에 너무 많이 섭취하면, 사람에 따라서는 얼굴에서 팔까지 열감이나 저림 증상을 느끼거나 전신이 나른해지기도 한다.

산도조절제에는 구연산과 젖산 등 약 35품목이 있다. 식품의 산성도와 알칼리도를 조절하는 물질로 보존성을 높이는 역할도 한다. 강한 독성은 발견되지 않지만, 어떤 물질을 사용하든 일괄적으로 '산도조절제'라고 표시한다.

특히 주의해야 할 건 훈제된 닭가슴살이다. 왜냐하면 발색제인 아질산나트륨이 첨가되기 때문이다.

✳아질산나트륨[발색제/합성], ✳조미료(아미노산 등)[합성], ✳산도조절제[합성], ✳글리신[조미료/합성], ✳향료[합성·천연], ●비타민C[산화방지제/합성]

레토르트 카레
카라멜색소를 넣지 않은 제품도 있다

'바쁠 때는 레토르트 카레를 이용한다'는 사람도 많을 것이다. 레토르트 식품의 필름은 겉층이 폴리에스테르, 중간층이 알루미늄 포일, 식품과 접하는 내부가 폴리에틸렌 또는 폴리프로필렌의 3층 구조로 되어 있다. 외부 공기를 완전히 차단하기 때문에 변질되지 않는다. 따라서 보존료나 살균제를 사용할 필요가 없다.

'그럼 안심하고 먹어도 되겠네'라고 생각하는 사람도 있겠지만, 내용물인 카레에는 무조건이라 해도 좋을 만큼 조미료(아미노산 등)가 사용된다.

카라멜색소는 카라멜 I 부터 IV까지 4종류로 나뉘는데, 카라멜색소 III과 IV에는 발암물질이 들어 있다. 하지만 '카라멜색소'로만 표시되기 때문에 무엇이 사용되었는지 알 수 없다.

카라멜색소를 섭취하고 싶지 않은 사람은 버터 치킨 카레나 그린 카레 등을 고르자. 이런 제품에는 카라멜색소를 넣지 않은 제품이 많기 때문이다.

✴조미료(아미노산 등)[합성], ✴카라멜색소[착색료/천연], ✴산미료[합성], ✴향료[합성·천연], ✴변성전분[증점제/합성], ●파프리카색소[착색료/천연], ●향신료추출물[천연], ●젖산칼슘[영양강화제/합성]

파스타 소스

카르보나라와 나폴리탄은 특히 주의하자 △

파스타 요리를 할 때 '레토르트 소스를 쓴다'는 사람도 많을 것이다. 아무래도 간단하기 때문이다. 하지만 어떤 제품이든 L-글루탐산나트륨을 주성분으로 한 조미료(아미노산)가 사용된다. 한 번만 먹어도 뇌에 각인될 만큼 진한 풍미를 내기 때문이다.

파스타 소스는 명란·구운 명란, 고기류, 햄·베이컨·소시지류 등으로 분류된다. 시판 중인 명란에는 발색제인 아질산나트륨과 타르색소가 사용되는데, 일반적으로 파스타 소스에 사용되는 명란에는 홍국색소나 파프리카색소 등으로 색을 입히기 때문에 아질산나트륨과 타르색소가 사용되지 않는다.

그러나 카르보나라나 나폴리탄 같은 햄과 소시지가 들어간 제품에는 아질산나트륨이 첨가되어 원재료명에 '발색제(아질산나트륨)'라고 표시된다. 다양한 파스타 소스가 있으니 원재료명을 잘 살펴보고 위험한 첨가물이 들지 않은 제품을 고르자.

✳아질산나트륨[발색제/합성], ✳인산염[결착제/합성], ✳조미료(아미노산 등)[합성], ✳변성전분[증점제/합성], ✳홍국색소[착색료/천연], ✳파프리카색소[착색료/천연], ✳향료[합성·천연], ✳카로티노이드[착색료/천연], ●타마린드검[증점제/천연], ●향신료추출물[천연]

△ 편의점 샐러드
비교적 안심하고 먹을 수 있다

'편의점 샐러드를 자주 사먹는다'는 사람도 적지 않을 것이다. 편의점 샐러드는 포장지만 뜯으면 바로 먹을 수 있어서 무척 편리한데, 감자 샐러드, 단호박 샐러드, 마카로니 샐러드 등 종류도 다양하다.

첨가물이 신경 쓰이기는 하지만, 다행히도 많이 사용되지는 않는다. 감자 샐러드에는 조미료(아미노산 등), 증점제인 잔탄검, 향신료추출물, 글리신 등이 첨가된다. 잔탄검은 일종의 세균 배양액에서 추출한 다당류로 인체에 악영향을 끼치지 않으며, 콜레스테롤을 낮춘다고 알려져 있다. 글리신은 아미노산 일종으로 감칠맛을 내는 동시에 보존성을 높인다.

단호박 샐러드에는 조미료(아미노산 등), 변성전분이나 증점제인 구아검 등이 사용된다. 구아검은 콩과 식물인 구아의 씨앗에서 얻은 다당류인데, 천식을 일으킨다는 보고가 있다.

참고로 마카로니 샐러드에는 햄이 들어가기 때문에 구매하지 않는 편이 좋다.

＊아질산나트륨[발색제/합성], ＊조미료(아미노산 등)[합성], ＊글리신[조미료/합성], ＊인산염[결착제/합성], ＊변성전분[증점제/합성], ＊치자색소[착색료/천연], ＊홍국색소[착색료/천연], ●잔탄검[증점제/천연], ●향신료추출물[천연]

후리카케
편리한 제품에는 이면이 있다

후리카케는 '반찬이 부족할 때 음식에 간편하게 뿌려 먹을 수 있다'는 장점이 있다. 하지만 조미료(아미노산 등), 카로티노이드, 카라멜색소 등이 사용된다.

카로티노이드는 동식물에 함유된 노란색·주황색·빨간색을 나타내는 색소의 총칭이다. 파프리카색소나 토마토색소, 안나토색소, 캐롯카로틴, 베타카로틴, 치자황색소 등 다양한 종류가 있다. 카로티노이드는 대부분 안전성에 문제가 없지만, 치자황색소는 다소 문제가 있다. 치자황색소는 치자나무 열매에서 얻은 노란색 색소로, 쥐에게 대량 투여한 실험에서 설사, 간 출혈, 간세포 변성 및 괴사가 발견되었다. 따라서 카로티노이드가 모두 안전하다고는 할 수 없다.

참고로 최근에는 합성감미료인 수크랄로스가 첨가된 후리카케도 판매되고 있으니 그런 제품은 되도록 멀리하자.

✳수크랄로스[감미료/합성], ✳조미료(아미노산 등)[합성], ✳스테비아[감미료/천연], ✳카로티노이드[착색료/천연], ✳카라멜색소[착색료/천연], ✳산미료[합성·천연], ✳향료[합성·천연], ●비타민E[산화방지제/합성]

▲ | 쓰쿠다니
무척 신경 쓰이는 성분이 들어 있다

쓰쿠다니는 에도 시대에 쓰쿠다섬에서 만들어진 데서 그 이름이 유래하며, 김, 다시마, 작은 생선 등을 간장과 설탕으로 조려 염분 농도를 높임으로써 보존성을 높인 음식이다. 따라서 보존료는 사용되지 않는다. 그러나 조미료(아미노산 등), 카라멜색소, 안정제인 타마린드, 증점다당류, 감미료인 감초 등이 사용된다.

타마린드검은 콩과의 타마린드 씨앗에서 뜨거운 물 또는 알칼리성 수용액을 통해 추출하여 얻은 '증점다당류' 일종이다. 참고로 타마린드는 중앙아프리카에 서식하는 식물로 그 열매나 콩깍지는 식용으로 이용된다. 급성 독성은 약하지만, 쥐에게 5%의 타마린드검을 포함한 먹이를 78주간 급여한 실험에서는 살이 찌고 간 중량이 평소보다 증가했다. 단, 병리학적 변화는 보이지 않았으며, 암도 발생하지 않았다. 원래 식용으로 사용하던 열매에서 얻은 다당류이기 때문에 먹어도 되는 첨가물로 분류했다. 감초는 콩과 감초에서 추출한 단맛 성분이므로 걱정하지 않아도 된다.

✳조미료(아미노산 등)[합성], ✳카라멜색소[착색료/천연], ✳산미료[합성], ✳증점다당류[증점제/천연], ●타마린드[안정제/천연], ●감초[감미료/천연]

즉석 미소 된장국·컵 수프
추출물이 사용되어 첨가물은 적다

즉석 미소 된장국은 일본인의 지혜라고도 할 수 있다. '간단하게 맛있는 미소 된장국을 만들 수 있다'며 좋아하는 사람들도 있을 것이다. 된장 외에 다시마추출물, 가다랑어추출물, 효모추출물, 조미료(아미노산 등), 구연산 등이 사용된다.

'추출물이 뭐지?' 하고 궁금해하는 사람도 있을 텐데, 추출물은 말 그대로 다시마나 가다랑어 등을 끓여서 얻은 농축액으로 첨가물이 아니라 식품으로 분류된다. 그 제조 방법이 베일에 싸여 있어 제조할 때 사용된 첨가물이 남아 있지는 않은지 신경 쓰이는 부분이 있는데, 만약 추출물에 첨가물이 잔류하여 영향을 미친다면 표시하도록 규정되어 있다.

컵 수프도 먹기 간편하지만, 마찬가지로 각종 추출물, 덱스트린, 조미료(아미노산 등), 팽창제 등이 사용된다. 덱스트린은 포도당이 여러 개 결합한 물질로, 식품으로 분류되어 안전성 문제는 없다. 즉석 미소 된장국과 컵 수프는 의외로 첨가물이 적은 제품이 대부분이다.

✳조미료(아미노산 등)[합성], ✳팽창제[합성], ●주정[일반음식물첨가물], ●비타민E[산화방지제/합성], ●구연산[산미료/합성]

지쿠와·사쓰마아게
보존료 대신 넣는 첨가물?

'원통 모양 어묵인 지쿠와와 다진 생선살을 양념과 섞어 바삭하게 튀긴 사쓰마아게를 좋아한다'는 사람도 많을 것이다. 예전에는 지쿠와와 사쓰마아게에 보존료인 소르빈산을 사용했지만, 지금은 대부분 사용하지 않는다.

단, 조미료(아미노산 등), 변성전분, 산도조절제, 조미료(무기염 등) 등이 첨가된다. 산도조절제에는 구연산과 젖산 등 약 35품목이 있다. 식품의 산성도와 알칼리도를 조절하는 물질이지만, 보존성을 높이는 역할도 한다.

조미료(무기염 등)는 염화칼륨, 인산나트륨, 인산칼륨 등 인산을 함유한 물질이 대부분이다. 인산을 너무 많이 섭취하면 칼슘이 잘 흡수되지 않아 뼈가 약해질 우려가 있다.

개중에는 폴리글루탐산을 첨가한 제품이 있다. 폴리글루탐산은 낫토균 배양액으로부터 분리해서 얻은 물질로 안전성에 문제는 없을 것이다.

그리고 패각칼슘을 첨가한 제품도 있는데, 패각칼슘은 조개껍질에서 얻은 물질로 미량으로 사용되는 첨가물인 만큼 안전성에 문제는 없을 것으로 보인다.

✳조미료(아미노산 등)[합성], ✳변성전분[증점제/합성], ✳산도조절제[합성], ✳조미료(무기염 등)[합성], ●폴리글루탐산[증점제/천연], ●패각칼슘[제조용제/천연], ●소르비톨[감미료/합성]

곤약·실곤약

큰 문제는 없을 것이다

어묵탕에 빠질 수 없는 곤약과 스키야키(일본식 전골 요리)에 빠질 수 없는 실곤약. 아마 '다이어트를 위해 먹고 있다'는 사람도 있을 것이다.

곤약과 실곤약은 모두 구약감자를 가루 상태로 만들어 물에 녹인 다음 응고제인 수산화칼슘을 첨가하여 굳힌 식품이다.

덧붙이면 곤약과 실곤약은 글루코만난이라는 독특한 식이섬유가 함유되어 다이어트 식품으로도 이용된다.

수산화칼슘은 소석회라고도 하며 석회석과 대리석 등의 천연탄산칼슘을 가열해서 물을 넣어 만든다. 그런 의미에서 보면 천연물질에 가깝다고 할 수 있다. 하지만 토끼 눈에 점안한 실험에서는 강한 자극성이 있어 거의 회복이 불가능했다. 입으로 섭취한 경우에는 어떤 결과를 초래하는지 확인된 바 없지만, 지금까지 곤약을 먹고 위나 장이 자극을 받았다는 이야기는 들어본 적이 없으니 첨가물로 미량만 사용한다면 큰 문제는 없을 것으로 보인다.

⁕ 수산화칼슘[제조용제(응고제)/합성]

냉동식품(치킨과 크로켓)
튀김류는 기름 산화에 유의해야 한다!

'냉동식품은 냉동실에 오래 둬도 괜찮을까?' 하고 궁금해하는 사람도 있을 것이다. 낮은 온도에 보관하면 썩지는 않겠지만, 식품이 산화하여 변질되므로 유통기간이 정해져 있다. 특히 치킨이나 크로켓 같은 튀김류는 산화하면서 해로운 과산화지질이 발생하기 때문에 사람에 따라서는 설사를 일으킬 수 있으니 주의가 필요하다.

냉동식품에는 치킨, 크로켓, 만두, 필라프 등 다양한 제품이 있는데 보존료는 사용되지 않는다. 그러나 대부분 L-글루탐산나트륨을 주성분으로 한 조미료(아미노산 등)가 사용된다. 또한 튀김류에는 팽창제인 탄산수소나트륨이 많이 첨가된다. 탄산수소나트륨이 많이 첨가된 식품을 먹게 되면 입에 위화감이 들 수도 있다.

그 밖에도 변성전분, 산미료, 트레할로스 등이 첨가된다. 트레할로스는 포도당이 2개 결합한 이당류로 버섯이나 새우 등에도 들어 있는 당알코올이므로 딱히 문제 될 건 없다.

✳변성전분[증점제/합성], ✳조미료(아미노산 등)[합성], ✳팽창제(베이킹파우더)[합성], ✳탄산수소나트륨[팽창제/합성], ✳산미료[합성], ✳유화제[합성·천연], ✳향료[합성·천연], ✳증점다당류[증점제/천연], ✳카라멜색소[착색료/천연], ✳카로티노이드[착색료/천연], 홍국색소[착색료/천연], ✳글리신[조미료/합성], ●초산나트륨[산미료/합성], ●잔탄검[증점제/천연], ●트레할로스[제조용제/천연], ●파프리카색소[착색료/천연], ●향신료추출물[천연], ●환형올리고당[제조용제/천연]

냉동식품(교자·함박스테이크 등)
위험한 첨가물은 들어가지 않지만……

△

사진 속 제품인 '신(新)교자'(아지노모토)가 매출 1위를 달성하면서 '오사카오쇼 바삭한 하네쓰키 교자'(잇앤푸드)가 필사적으로 따라잡으려는 모습을 보이고 있다. '신교자'에는 조미료(아미노산 등)가 사용되는 반면 '하네쓰키 교자'에는 조미료가 사용되지 않는다. 조미료(아미노산 등)는 화학조미료인 '아지노모토'와 거의 같기 때문에 잇앤푸드에서는 오기로라도 사용하지 않는 걸지도 모른다.

증점제인 알긴산프로필렌글리콜은 다시마나 미역에 함유된 점성 물질인 알긴산과 용제인 프로필렌글리콜이 결합한 물질이다. 동물 실험에서 독성은 거의 발견되지 않았지만, 알레르기성 체질인 사람이 섭취하면 피부 발진을 일으킬 위험이 있다. 알긴산나트륨은 알긴산과 나트륨이 결합한 물질이다.

카라멜색소나 피로인산나트륨은 함박스테이크에 사용된다. 인산을 지나치게 섭취하면 칼슘 흡수에 악영향을 끼친다.

✳조미료(아미노산 등)[합성], ✳변성전분[합성], ✳유화제[합성·천연], ✳증점다당류[천연], ✳산도조절제[합성], ✳카제인나트륨[호료/합성], ✳알긴산프로필렌글리콜[안정제/합성], ✳글리신[조미료/합성], ✳팽창제[합성], ✳카라멜색소[착색료/천연], ✳피로인산나트륨[결착제/합성], ●구연산나트륨[조미료/합성], ●알긴산나트륨[호료/합성], ●염화칼슘[영양강화제/합성], ●향신료추출물[천연]

치즈
자연 치즈를 고르자

'자연 치즈와 가공 치즈는 뭐가 다르지?' 하고 의문을 품는 사람도 있을 것이다. 자연 치즈는 우유나 산양유에 유산균이나 레닛이라는 효소를 첨가하여 발효시킨 것이고, 가공 치즈는 이러한 자연 치즈를 몇 가지 이상 혼합해 녹인 후 유화제로 성형한 것이다.

이때 사용되는 유화제는 일반 식품에 사용되는 것과는 다르다. 구연산칼슘이나 폴리인산나트륨 등 인가된 23품목 중 몇 가지를 선택해서 사용한다. 하지만 무엇을 사용하든 '유화제'라고만 표시된다.

이러한 유화제 중에는 동물 실험에서 신장 장애나 요세관 염증을 일으킨 물질도 있어서 다소 불안하다.

자연 치즈는 유화제를 사용하지 않고 일반적으로 다른 첨가제도 사용하지 않기 때문에 되도록 자연 치즈를 구매하는 편이 바람직하다. 단, 개중에는 산도조절제를 첨가한 제품도 있으니 원재료명을 잘 살펴보고 고르자.

✳ 유화제[합성], ✳ 산도조절제[합성]

잼 △

산미료만 들어 있지 않으면 된다

시판되는 딸기잼이나 사과잼을 먹는 사람은 '수제 잼과 뭐가 다르지?'라고 생각할 수도 있을 것이다. 집에서 잼을 만들 때는 딸기 등을 냄비에 넣고 졸이다가 설탕을 넣으면 완성이다. 하지만 대다수 시판 제품에는 겔화제인 펙틴이 사용된다. 게다가 산미료와 구연산나트륨 등도 첨가된다.

시판되는 잼이 탱글탱글한 이유는 바로 겔화제를 첨가했기 때문이다. 겔화제에는 주로 펙틴이 사용된다. 단, 펙틴은 원래 과일에도 함유된 다당류이므로 걱정할 만한 물질은 아니다.

그러나 신맛을 내거나 보존성을 높이기 위해 첨가된 산미료는 구체적인 명칭이 표시되지 않기 때문에 불안하다.

구연산나트륨은 간을 맞추거나 보존 목적에서 사용하는데, 구연산에 나트륨이 결합한 물질이므로 대부분 안전하다.

＊산미료[합성], ●펙틴[겔화제·증점제/천연], ●구연산나트륨[산미료·조미료/합성]

땅콩 크림·초코 크림
향료를 구체적으로 기재했으면 한다

'빵에 땅콩 크림을 발라 먹는다'는 사람도 있을 테고, '초코 크림을 좋아한다'는 사람도 있을 것이다.

땅콩 크림과 초코 크림에는 생각보다 많은 첨가물이 사용되지 않는다. 일반적으로 산미료, 유화제, 향료, 증점다당류, 산화방지제인 비타민E와 비타민C 정도가 첨가된다. 사진 속 제품은 오래전부터 판매되고 있는 '손톤 피넛 크림'으로, 여기에는 향료, 산미료, 증점다당류만 들어간다. 그리고 '손톤 초콜릿 크림'에는 향료, 산미료, 증점다당류에 유화제가 추가된다.

다른 제품에는 산화방지제인 비타민E와 비타민C가 첨가되기도 한다. 비타민E는 영양소 중 하나로 화학적으로 합성한 것과 콩이나 해바라기 같은 식물에서 추출된 것이 있는데, 모두 안전한 물질이다. 비타민C도 화학적으로 합성한 물질이지만, 원래 레몬이나 딸기 등에 많이 들어 있는 물질이라서 안전한 첨가물이다. 다만, 향료로 무엇을 사용했는지 구체적으로 기재하지 않기 때문에 그 점이 신경 쓰인다.

＊향료[합성·천연], ＊산미료[합성], ＊증점다당류[천연], ＊유화제[합성·천연], ●비타민E[산화방지제/합성·천연], ●비타민C[산화방지제/합성]

초콜릿
요즘에는 합성감미료도 들어간다 △

아이 어른 할 것 없이 모두가 좋아하는 초콜릿. 원료는 카카오매스와 코코아버터로 이들을 고르게 섞기 위해 유화제가 사용된다.

유화제는 물과 기름이 잘 섞이게 하는 첨가물로, 합성유화제에는 12품목이 있는데, 그중 5품목은 식품 성분이거나 그와 유사한 물질이라서 안전성에 문제는 없다. 하지만 나머지 7품목은 불안한 면이 있다. 게다가 원재료명에는 '유화제'라고만 표시되기 때문에 무엇이 사용되었는지 알 수 없다.

참고로 콩에서 추출한 천연 레시틴이 유화제로 많이 사용된다. 콩에 함유된 지질의 일종이라서 안전하지만, 콩 알레르기가 있는 사람은 주의가 필요하다.

그 밖에 향료가 사용되며, 향료에는 합성향료가 약 160품목, 천연향료가 약 600품목이 있다. 합성향료 중에는 위험한 품목도 있는데, '향료'라고만 표시되기 때문에 무엇이 사용되었는지 알 수 없다. 요즘에는 롯데의 '제로(ZERO)'처럼 합성감미료인 아스파탐이나 수크랄로스를 사용한 제품도 적지 않기 때문에 주의해야 한다.

✳아스파탐·L-페닐알라닌화합물[감미료/합성], ✳수크랄로스[감미료/합성], ✳향료[합성·천연], ✳유화제[합성·천연], ✳증점다당류[증점제/천연], ✳카로티노이드[착색료/천연], ●레시틴[유화제/천연], ●비트레드[착색료/천연]

△ | 초코 과자
카라멜색소가 들어 있는지 확인하자

'아이가 초코 과자를 너무 좋아해요'라며 걱정하시는 어머니도 있을 것이다. 메이지 제과의 '버섯 산'과 '죽순마을', 롯데의 '코알라노마치' 등이 대표적이며, 제품마다 조금씩 차이가 있다.

'버섯 산'과 '죽순마을'의 첨가물은 유화제와 팽창제, 향료뿐이지만, '코알라노마치'에는 그 밖에도 카라멜색소가 사용된다. 카라멜색소에는 카라멜Ⅰ, 카라멜Ⅱ, 카라멜Ⅲ, 카라멜Ⅳ가 있는데, 카라멜Ⅲ과 카라멜Ⅳ에는 4-메틸이미다졸이라는 발암물질이 함유되어 있다. 그런데 식품 기업은 '카라멜색소'라고만 표시하기 때문에 소비자 측에서는 무엇이 사용되었는지 알 수 없다.

팽창제에는 탄산수소나트륨이나 탄산수소암모늄 등 약 40품목이 있으며, 그중 탄산수소나트륨이 가장 많이 사용된다. 팽창제가 들어간 식품을 먹으면 사람에 따라서는 입에 위화감이나 위부 불쾌감을 느끼기도 한다.

＊유화제[합성·천연], ＊팽창제[합성], ＊향료[합성·천연], ＊카라멜색소[착색료/천연], ＊탄산수소나트륨[팽창제/합성], ＊이스트푸드[합성], ●탄산칼슘[영양강화제/합성]

쿠키·비스킷
자극이 강한 향료에 주의하자!

밀가루와 달걀, 버터 등을 사용하여 만든 쿠키나 비스킷은 영양가가 높아서 '식사 대신 먹는다'는 사람도 있을 것이다. 하지만 여기에는 팽창제, 향료, 유화제, 착색료 등의 첨가물이 사용된다.

팽창제에는 황산알루미늄칼륨처럼 많이 섭취하면 위에 염증을 일으키는 물질도 있다. 또 황산알루미늄칼륨에는 알루미늄이 들어 있는데, 알루미늄을 다량으로 섭취하면 신경계에 악영향을 미친다는 동물 실험 결과가 있다.

유화제는 물과 기름을 쉽게 섞기 위해 사용되며, 콩에서 추출한 천연 레시틴을 사용한 유화제는 안전하다.

그 밖에 향료가 사용되는데, 자극성이 강한 물질이 들어간 제품도 있다. 그런 자극은 코나 혀에 남아 불쾌감을 줄 수 있으니 주의가 필요하다.

✳팽창제[합성], ✳향료[합성·천연], ✳유화제[합성·천연], ●카로틴색소[착색료/천연]

아이스크림
유화제가 수상하다!

달콤하고 시원한 아이스크림의 주된 원재료는 우유와 유제품(크림이나 탈지유, 탈지분유 등)인데, 기계를 이용해 대량으로 생산하기 때문에 유화제, 증점다당류, 향료 등이 첨가된다. 유화제는 물과 기름처럼 섞이지 않는 액체를 쉽게 섞기 위한 물질이다.

합성첨가물인 유화제는 글리세린지방산에스테르, 자당지방산에스테르, 소르비탄지방산에스테르, 스테아릴젖산칼슘, 스테아릴젖산나트륨, 옥테닐호박산나트륨전분, 구연산에틸, 프로필렌글리콜지방산에스테르, 폴리소르베이트20, 폴리소르베이트60, 폴리소르베이트65, 폴리소르베이트80이 있다. 앞의 5품목은 원래 식품에 들어 있거나 그와 유사한 물질로 안전성에 큰 문제는 없다. 하지만 나머지 품목에 대해서는 안전하다고 말할 수 없다. 특히 폴리소르베이트60과 폴리소르베이트80은 동물실험에서 발암성이 의심된다는 결과가 나왔다. 더불어 최근에는 합성감미료인 아세설팜칼륨이나 수크랄로스를 사용한 제품이 있으니 주의가 필요하다.

✳아세설팜칼륨[감미료/합성], ✳수크랄로스[감미료/합성], ✳유화제[합성·천연], ✳증점다당류[증점제·안정제/천연], ✳변성전분[증점제/합성], ✳향료[합성·천연], ✳카라멜색소[착색료/천연], ✳팽창제[합성], ●셀룰로오스[안정제/일반음식물첨가물], ●안나토색소[착색료/천연]

스낵 과자
비만아를 만드는 원인?

대표적인 스낵 과자로는 가루비의 '자카리코'가 있다. 감자칩과 옥수수 스낵은 아마 아이들은 물론 성인도 좋아할 것이다. 하지만 L-글루탐산나트륨을 주성분으로 한 조미료(아미노산 등)가 잔뜩 첨가되기 때문에 너무 많이 먹지 않도록 주의해야 한다.

게다가 너무 많이 먹으면 식염과 칼로리가 과잉되어 비만이나 고혈압을 초래할 위험성이 있다.

최근 들어 뚱뚱한 아이가 많다고 자주 느낀다. 혹시 스낵 과자가 살을 찌우는 데 일조하고 있는 건 아닐까? 그리고 제품에 따라서는 천연감미료인 스테비아나 향료, 변성전분, 카라멜색소, 탄산수소나트륨, 산미료 등이 첨가되기도 한다. 개중에는 합성감미료인 아세설팜칼륨이 들어 있는 제품도 있다.

탄산수소나트륨은 팽창제 일종으로 위장약에도 사용되지만, 첨가량이 많으면 혀에 위화감을 주기도 한다. 따라서 구매할 때는 되도록 첨가물이 적은 제품을 고르자.

✳아세설팜칼륨[감미료/합성], ✳조미료(아미노산 등)[합성], ✳유화제[합성·천연], ✳향료[합성·천연], ✳스테비아[감미료/천연], ✳산미료[합성], ✳카라멜색소[착색료/천연], ✳탄산수소나트륨[팽창제/합성], 변성전분[증점제/합성], ✳산미료[합성], ✳조미료(무기염 등)[합성], ●파프리카색소[착색료/천연], ●비타민C[산화방지제/합성], ●비타민E[산화방지제/합성], ●향신료추출물[천연]

△ | 푸딩
말랑한 식감은 첨가물로 연출한 것이다

'푸딩이 싫다'는 아이는 그리 많지 않을 것이다. 달고 말랑한 식감을 어찌 참을 수 있겠는가. 하지만 그 독특한 식감은 우유와 달걀뿐 아니라 겔화제(호료)인 증점다당류를 넣어 인위적으로 만든 것이다.

증점다당류는 나무껍질이나 해조 등에서 추출한 점성 성분으로, 제품에 이를 첨가하면 만들기도 쉽고 돈도 많이 들지 않는다.

증점다당류에는 30품목 정도가 있는데 개중에는 안전성이 확인되지 않은 물질도 있다. 그러나 어째서인지 2품목 이상을 사용하면 구체적인 명칭이 아니라 '증점다당류'라고만 표시된다.

그 밖에 향료, 유화제, 산미료, 카라멜색소, 카로틴색소 등도 첨가된다. 카로틴색소는 식물에서 추출한 노란색 또는 주황색 색소로 딱히 문제 될 건 없다.

참고로 합성감미료인 수크랄로스나 아세설팜칼륨이 미량 첨가된 제품도 있으니 주의하자.

✳수크랄로스[감미료/합성], ✳아세설팜칼륨[감미료/합성], ✳증점다당류[겔화제·호료/천연], ✳향료[합성·천연], ✳유화제[합성·천연], ✳카라멜색소[착색료/천연], ✳산미료[합성], ✳카로티노이드[착색료/천연], ✳산도조절제[합성], ✳카제인나트륨[호료/합성], ✳메타인산나트륨[품질개량제/합성], ●카로틴색소[착색료/천연], ●비타민C[산화방지제/합성]

사탕
강렬한 향이 나는 제품은 피하자

'입이 심심하면 사탕을 먹는다'는 사람이 많은 듯하다. 하지만 너무 많이 먹으면 당분 과다 섭취로 충치가 생기기 쉬우므로 주의해야 한다. 또 제품에 따라서는 향료, 착색료, 산미료, 감미료 등이 첨가되기도 한다.

향료에는 합성향료가 약 160품목 있는데, 이 중 여러 종류가 첨가되어도 '향료'라고만 표시된다. 하지만 개중에는 독성이 강한 물질도 있기에 무엇이 사용되었는지 알 수 없어 불안하다. 너무 강렬한 향이 나는 제품은 사람에 따라서는 역겨울 수도 있으니 피하는 편이 좋다. 착색료는 대부분이 천연물질이다.

그리고 천연감미료인 스테비아를 첨가한 제품도 있다. 스테비아는 동물 실험에서 수컷 정소에 악영향을 미친다는 보고가 있으니 가능한 한 피하는 편이 좋겠다.

또 다이어트 감미료인 아스파탐을 첨가한 제품도 있다. 아스파탐은 뇌종양을 일으킨다는 지적과 백혈병과 림프종을 유발한다는 동물 실험 결과도 있으니 이런 제품은 멀리하자.

✵아스파탐·L-페닐알라닌화합물[감미료/합성], ✵향료[합성·천연], ✵산미료[합성], ✵유화제[합성·천연], ✵스테비아[감미료/천연], ✵치자색소[착색료/천연], ✵카라멜색소[착색료/천연], ✵카로티노이드[착색료/천연], ✵심황색소[착색료/천연], ✵홍화색소[착색료/천연], ✵탄산수소나트륨[팽창제/합성], ●파프리카색소[착색료/천연], ●야채색소[착색료/천연], ●비타민C[영양강화제/합성]

△ | 구미
자극적인 향이 나는 제품은 피하자

'쫀득쫀득 씹는 맛이 있어서 맛있다'며 구미를 먹는 사람도 있을 것이다. 이 쫀득거리는 식감은 바로 젤라틴 때문이다.

각 회사에서는 다양한 구미 상품을 판매하는데, 대표 제품인 메이지 제과의 '과즙 구미 포도 과즙 100'은 자극적인 향료가 사용되어 코가 움찔거릴 만큼 새콤한 냄새가 난다. 예전에 한 어머니가 "아이가 과일 젤리를 먹으면 소변에서 향이 나요"라고 했던 적이 있다. 이는 향료가 분해되지 않은 채 소변에 섞여 있기 때문이다.

자극성이 강한 향료의 경우, 사람에 따라서는 그 향을 역겹다고 느낄 수 있으므로 피하는 편이 좋다.

한편, 칸로의 '퓨레 구미'는 포도 맛과 레몬 맛 모두 자극적인 향이 나지 않아 역겨운 느낌이 들지 않는다. 여기에 들어 있는 펙틴은 사과나 사탕무 등에서 얻은 다당류로 안전성에 문제는 없다.

✴향료[합성·천연], ✴산미료[합성], ✴광택제[천연], ✴홍화색소[착색료/천연], ✴치자색소[착색료/천연], ●펙틴[증점제·겔화제/천연], ●탄산칼슘[영양강화제/합성], ●포도색소[착색료/천연], ●비타민C[영양강화제·산화방지제/합성], ●야채색소[착색료/천연]

센베이
옛날 그 맛이 아니다

센베이는 일본의 전통 과자로 그 맛과 향을 좋아 하는 사람이 많으리라 생 각한다. 하지만 유감스럽 게도 그 맛은 '전통'의 맛 이 아니다. L-글루탐산나 트륨을 주성분으로 한 조미료 맛이다. L-글루탐산나트륨은 원래 다시마 에 들어 있는 감칠맛 성분으로, 지금은 인공적으로 제조되어 많은 식품 에 첨가된다. 독성은 낮지만 한꺼번에 많이 섭취하면 사람에 따라서는 얼 굴부터 팔까지 열감이나 저림 증세를 느끼기도 한다. 몸에서 잘 처리되지 않아 거부 반응을 일으킨 것으로 보인다.

카라멜색소나 파프리카색소, 감미료인 소르비톨을 사용한 제품도 있 다. 카라멜색소에는 4종류가 있는데 그중 2종류에는 발암물질이 들어 있 다. 파프리카색소는 파프리카 열매에서 추출한 붉은 색소로 안전성에 문 제는 없다. 소르비톨은 원래 과일 등에 들어 있는 단맛 성분으로 포도당 이나 전분 등으로 만들어진 물질이라서 안전성에 문제는 없을 것으로 사 료된다.

✳️조미료(아미노산 등)[합성], ✳️카라멜색소[착색료/천연], ✳️변성전분[증점제/합성], ✳️유 화제[합성·천연], ✳️카로티노이드[착색료/천연], ●홍국색소[착색료/천연], ●소르비톨[감 미료/합성], ●파프리카색소[착색료/천연], ●향신료추출물[천연]

△ 케이크
부드러운 크림은 유화제 덕분이다

나는 '케이크를 싫어한다'는 여성을 거의 본 적이 없다. 하지만 케이크는 대다수 제품에 유화제가 반드시 사용된다. 크림 제조에 필요하기 때문이다. 거기다 향료, 팽창제, 산도조절제 등도 사용된다.

합성첨가물인 유화제는 물과 기름이 잘 섞이게 하는 물질로 글리세린지방산에스테르와 자당지방산에스테르를 포함해 총 12품목이 있다. 그중 5품목은 원래 식품에 들어 있는 성분이기에 문제 될 건 없지만, 나머지 품목은 안전하다고 단정할 수 없다.

팽창제는 케이크를 폭신폭신하게 만드는 역할을 하는 물질로 여기에는 약 40품목 정도가 있다. 개중에는 독성이 강한 물질도 있는데, 염화암모늄의 경우는 동물 실험에서 위험한 급성 독성이 확인되었다. 하지만 무엇을 사용하든 '팽창제'라고만 표시된다.

인산염(칼슘, 나트륨)은 피로인산이수소칼슘과 피로인산사나트륨을 말한다. 인산염을 너무 많이 섭취하면 칼슘이 잘 흡수되지 않아 뼈가 약해질 우려가 있다.

✴유화제[합성·천연], ✴향료[합성·천연], ✴팽창제[합성], ✴산도조절제[합성], ✴인산염(칼슘, 나트륨)[제조용제/합성], ✴증점다당류[증점제/천연], ✴산미료[합성], ✴변성전분[증점제/합성], ✴카로티노이드[착색료/천연], ●소르비톨[감미료/합성], ●비타민C[산화방지제/합성], ●안토시아닌[착색료/천연], ●플라보노이드[착색료/천연]

단고·다이후쿠·도라야키

효소는 멀까?

'조금 출출할 때는 찹쌀떡 종류인 단고나 다이후쿠를 먹는다'는 사람도 있을 테고, '빵 사이에 팥소를 넣은 도라야키를 좋아한다'는 사람도 있을 것이다. 찹쌀떡의 원재료는 팥, 찹쌀, 밀가루, 설탕 등으로, 효소나 글리신, 보존료인 이리단백도 들어간다. 그리고 도라야키에는 팽창제가 사용된다. 효소는 세균 등에서 추출한 특정 단백질로 찹쌀떡이 딱딱해지는 것을 방지하는 역할을 하는데, 단백질 일종이라서 안전성은 높다고 여겨지는 한편 독성 여부는 아직 자세히 조사된 바 없다.

글리신은 아미노산 일종으로 맛을 내거나 보존을 위해 사용되지만, 동물에게 다량 급여한 결과 중독 증상이 관찰되었다. 단, 글리신을 주원료로 한 건강보조식품에서 문제가 발생하지 않은 점으로 보아 인간에게는 거의 해롭지 않은 듯하다.

이리단백은 생선 정소에서 추출한 물질이지만, 동물 실험에서 백혈구와 간 중량 감소가 발견되었으므로 안전하다고 볼 수는 없다. 팽창제는 일반적으로 탄산수소나트륨이 주로 사용되는데, 구체적인 명칭이 불명확하며 입에 위화감이나 속 쓰림을 유발할 수 있다.

✳이리단백[보존료/천연], ✳글리신[조미료/합성], ✳효소[천연], ✳산도조절제[합성], ✳조미료(아미노산 등)[합성], ✳변성전분[증점제/합성], ✳카라멜색소[착색료/천연], ✳팽창제[합성], ●트레할로스[감미료/천연], ●소르비톨[감미료/합성]

△ | 마시멜로
첨가물보다 옥수수전분이 더 신경 쓰인다

말랑한 식감으로 큰 인기를 끌고 있는 마시멜로. 사진 속 '마시멜로 화이트'(에이와)가 그 대표 제품이다.

색깔이 새하얘서 흰색 착색료라도 쓰는 건가 싶겠지만, 의외로 착색료는 사용되지 않고 첨가물도 향료만 사용된다. 하지만 신경 쓰이는 부분이 있다. 바로 원재료로 옥수수전분이 사용된다는 것이다. 옥수수전분은 말 그대로 옥수수로 만든 전분이지만, 미국 등에서 수입되는 옥수수는 유전자 변형 작물이 대부분이다.

미국 국립과학원은 2015년 5월 《미국 국립과학원 기요》에 옥수수나 콩 등의 유전자 조작 작물을 대상으로 과거 20년간 약 900건의 연구 성과와 약 800명의 연구자 등의 견해를 검토한 결과, "유전자 변형 작물이 암, 비만, 위와 신장 질환, 자폐증, 알레르기 등의 증가를 초래했다는 증거는 없다"는 결론에 이르렀다고 발표했다. 즉, 유전자 변형 작물이 다른 보통의 작물과 마찬가지로 안전하다는 것이다. 하지만 과연 그럴까……?

☀향료[합성·천연]

요구르트 △

스테비아가 들어 있는데 먹어도 될까?

요구르트는 '장과 건강에 좋을 것 같다'는 이유로 큰 인기를 끌고 있는데, 여러 업체에서 다양한 제품이 출시되고 있으며, 그중에서도 '강력한 유산균'을 내세우는 메이지 제과의 'R-1'이 불티나게 팔리고 있다.

일반 타입의 'R-1'에 사용되는 첨가물은 천연감미료인 스테비아뿐이다. 스테비아는 남미 원산의 국화과·스테비아잎에서 추출한 단맛 성분이다. 하지만 유럽연합(EU) 위원회는 1999년, 스테비아가 체내에서 대사하면서 생성된 물질이 수컷 동물의 정소에 악영향을 미친다는 이유로 사용을 허가하지 않았다. 그런데 그 후, 안전성에 대한 재검토가 이루어지면서 유럽연합 위원회는 2011년 12월부터 체중 1kg당 4mg 이하로 섭취를 제한한다는 조건을 붙여 사용을 허가했다. 하지만 불안이 완전히 해소된 것은 아니다.

'R-1 저지방'에는 첨가물이 사용되지 않지만, 'R-1 블루베리 믹스'에는 합성감미료인 수크랄로스가 사용된다. 수크랄로스가 들어가거나 자극적인 향료가 첨가된 제품은 피하자.

＊수크랄로스[감미료/합성], ＊스테비아[감미료/천연], ＊변성전분[증점제/합성], ＊산미료[합성], ＊증점다당류[증점제/천연], ●젖산칼슘[영양강화제/합성]

△ | 젤리
젤라틴이 함유 되지 않은 '가짜'

과일 젤리나 커피 젤리에는 '젤라틴이 들어 있다'고 생각하는 사람이 많을 것이다. 하지만 실제로는 그렇지 않다. 젤라틴이 아닌 겔화제(호료)인 증점다당류가 사용된다. 말하자면 '가짜'인 셈이다.

증점다당류는 나무껍질이나 콩과 식물, 해조, 세균 등에서 추출한 점성이 있는 다당류로 젤라틴처럼 응고 상태가 되기 때문에 그 점이 이용된다.

그러나 젤라틴은 단백질의 일종이고 증점다당류는 탄수화물 일종으로 둘은 전혀 다른 물질이다. 증점다당류는 전반적으로 독성이 강한 물질은 별로 없지만, 트래거캔스검(발암성이 의심되는 물질), 카라기난(암 촉진 작용) 등 문제가 있는 물질도 있다.

그 밖에 향료, 산미료, 유화제 등도 사용되는데 구체적인 명칭이 표시되지 않아 불안하다. 게다가 합성감미료인 아스파탐, 아세설팜칼륨, 수크랄로스를 첨가한 제품도 있다. 참고로 비록 적은 양이지만 젤라틴이 들어간 제품도 판매되고 있다.

＊아스파탐·L-페닐알라닌화합물[감미료/합성], ＊아세설팜칼륨[감미료/합성], ＊수크랄로스[감미료/합성], 증점다당류[겔화제·호료/천연], ＊향료[합성·천연], ＊유화제[합성·천연], ＊산도조절제[합성], ＊카라멜색소[착색료/천연], ＊산미료[합성], ＊카로티노이드[착색료/천연], ●젖산칼슘[영양강화제/합성], ●셀룰로오스[일반음식물첨가물], ●비타민C[산화방지제/합성]

영양 조절 식품
대표 제품은 의외로 첨가물이 적다

영양 조절 식품은 '각종 영양소를 간단히 섭취할 수 있다'는 면에서 큰 인기를 끌고 있다. '칼로리 메이트'(오츠카제약)가 그 대표 제품으로 각종 미네랄과 비타민을 함유하고 있는데, 이러한 물질은 모두 첨가물이 아니다. 원재료인 밀가루와 자연 치즈, 아몬드파우더 등에 원래 들어 있는 영양 성분이다.

'칼로리 메이트 치즈 맛'의 첨가물은 카제인나트륨, 변성전분, 향료, 카로티노이드뿐이다. 카제인나트륨은 우유 등에 함유된 카제인이라는 단백질과 나트륨을 결합한 물질로, 동물에게 다량으로 투여한 결과 중독을 일으켰지만, 첨가물로 미량 사용하는 정도로는 큰 문제가 없을 것으로 보인다.

카로티노이드는 식물에서 추출한 노란색이나 주황색 색소로 딱히 문제 될 건 없으나, 치자황색소도 들어 있어서 모두 안전하다고 단언할 수는 없다.

초코바를 포함한 영양 조절 식품 중에는 자극적인 향료나 합성감미료인 수크랄로스가 첨가된 것도 있으므로 이런 제품은 멀리하도록 하자.

✳수크랄로스[감미료/합성], ✳카제인나트륨[호료/합성], ✳변성전분[호료/합성], ✳향료[합성·천연], ✳카로티노이드[착색료/천연], ✳산미료[합성], ✳비타민B₁[영양강화제/합성], ●비타민E[영양강화제·산화방지제/합성·천연], ●나이아신[영양강화제/합성], ●셀룰로오스[일반음식물첨가물], ●탄산마그네슘[영양강화제/합성], ●피로인산제이철[영양강화제/합성], ●판토텐산칼슘[영양강화제/합성]

스포츠음료
수크랄로스가 들어간 제품은 피하자

'목욕 후에 마시면 맛있다'며 스포츠음료를 벌컥벌컥 들이켜는 사람도 있을 것이다. 그 대표 제품은 단연 '포카리스웨트'(오츠카제약)로, 여기에는 나트륨과 칼륨 등 미네랄이 함유되어 있다. 땀을 흘리면 나트륨 등이 몸 밖으로 함께 배출되는데 스포츠음료를 마시면 그런 미네랄을 보충해주기 때문에 맛있다고 느끼는 것이다.

하지만 미네랄 성분 외에도 L-글루탐산나트륨 등의 조미료(아미노산 등), 산미료, 향료가 첨가된다. 일본인은 어릴 때부터 L-글루탐산나트륨 맛에 길들여져 이것을 첨가해야 잘 팔릴지도 모른다. 산미료와 향료는 구체적인 명칭이 표시되지 않으므로 무엇이 사용되었는지 알 수 없다.

염화칼륨은 사람이 다량으로 섭취하면 소화기가 자극되어 구토 등이 일어나지만, 첨가물로 미량 사용하는 정도로는 문제가 되지 않을 것으로 보인다.

참고로 '아쿠아리우스(Aquarius)'(코카콜라 커스터머 마케팅)에는 합성감미료인 수크랄로스가 들어 있으니 마시지 않는 편이 좋다.

＊수크랄로스[감미료/합성], ＊조미료(아미노산 등)[합성], ＊산미료[합성], ＊향료[합성·천연], ＊염화칼륨[조미료/합성], ●비타민C[산화방지제/합성], ●젖산칼슘[영양강화제/합성], ●염화마그네슘[영양강화제/합성]

주스류
산미료도 향료도 수수께끼투성이

산토리의 '낫짱'과 기린 베버리지의 '고이와이 순수 사과' 등 다양한 주스 종류가 출시되고 있다. 이러한 주스류에는 무과즙과 과즙 제품이 있는데, 모두 산미료, 향료, 비타민C 등이 첨가된다.

산미료는 신맛을 내기 위한 물질로. 구연산 등 20품목 이상의 물질 중 몇 가지 품목이 선택되어 사용된다. 일반적으로 젖산이나 구연산 등이 사용되며, 독성이 강한 물질은 아니지만 구체적으로 무엇이 사용되는지가 불명확하다. 이러한 산미료를 섭취하면 사람에 따라서는 입이나 위에 자극을 느끼기도 한다.

합성향료 중에는 독성이 강한 물질이 있지만, 무엇을 사용하든 '향료'라고만 표시되기 때문에 구체적으로 무엇이 사용되었는지 알 수 없다. 인공적이고 강렬한 냄새가 나는 제품도 있어서 사람에 따라서는 다소 역겨움을 느낄 수도 있다.

비타민C는 영양 강화보다는 산화 방지 목적에서 사용되며 안전성에 문제는 없다.

✳산미료[합성], ✳향료[합성·천연], ●잔탄검[안정제/천연], ●비타민C[영양강화제·산화방지제/합성]

유산균 음료
제조사의 안이한 '향료 의존'이 의문스럽다

'건강에 좋을 것 같다!'며 유산균 음료(유산균으로 발효시킨 음료)를 마신다는 사람도 많을 것이다. '야쿠르트'나 '식물성 유산균 라브레'(카고메)가 그 대표 제품이다.

그런데 우유, 과즙, 유산균 등 자연에 가깝고 몸에 좋은 성분을 사용하면서 왜 향료를 첨가하는지는 이해하기 어렵다.

향료는 인공적으로 만든 화학 합성 물질 또는 식물 등에서 얻은 향 성분을 몇 가지 조합한 물질로 대부분 코를 찌르는 강렬한 냄새를 풍긴다. 제조사는 이런 냄새로 소비자를 유인하려 하겠지만, 나 같은 사람들은 이런 냄새를 맡기만 해도 먹기가 꺼려진다.

합성향료 중에는 위험한 물질도 있는데, '향료'라고만 표시되기 때문에 무엇이 사용되었는지 알 수 없다. 제조사 측은 안이하게 향료에 의존하기보다 본연의 향으로 소비자에게 다가갔으면 하는 바람이다. 참고로 합성 감미료인 수크랄로스가 첨가된 유산균 음료도 있으니 주의하자.

＊수크랄로스[감미료/합성], ＊향료[합성·천연], ＊산미료[합성], ＊카라멜색소[착색료/천연], ●펙틴[안정제/천연], ●대두다당류[안정제/일반음식물첨가물], ●비타민C[영양강화제·산화방지제/합성]

드링크 요구르트
저당·저칼로리 제품은 각별히 주의하자

'유산균 음료와 드링크 요구르트는 뭐가 다르지?'라고 생각하는 사람도 있을 것이다. 요구르트를 드링크 타입으로 만든 제품이 드링크 요구르트로 둘 다 유산균으로 유제품을 발효시켜 만든다.

요구르트와 마찬가지로 드링크 요구르트도 메이지 제과의 'R-1'이 마트를 점령한 듯한데, 여기에도 역시 천연 감미료인 스테비아가 사용된다. 게다가 향료와 안정제인 펙틴도 첨가된다.

펙틴은 사탕무나 사과 등에서 추출한 다당류로 원래 식품에 들어 있는 성분이기에 안전성에 문제는 없다.

참고로 'R-1'에는 '저당·저칼로리' 제품도 있는데, 여기에는 합성감미료인 아스파탐이 첨가되기 때문에 마시지 않는 편이 좋다.

그리고 유키지루시 메그밀크의 '가세리균 SP주 요구르트 드링크 타입'에는 합성감미료인 수크랄로스가 첨가되기 때문에 이 제품도 추천하지 않는다.

✳아스파탐·L-페닐알라닌화합물[감미료/합성], ✳수크랄로스[감미료/합성], ✳스테비아[감미료/천연], ✳향료[합성·천연], ✳산미료[합성], ●펙틴[안정제/천연], ●대두다당류[증점제·안정제/일반음식물첨가물]

△ | 사이다
은은한 냄새의 향료를 사용한다

제1장 〈먹으면 안 되는 첨가물〉에서 탄산음료를 다루었는데, '사이다는 괜찮을까?'라고 생각하는 사람도 있을 것이다. 대표적인 사이다 제품으로는 '미쓰야 사이다'(아사히 유료)가 있으며, 여기에 사용되는 첨가물은 향료와 산미료, 탄산뿐이다.

향료를 제조하는 향료 회사는 그 제조법을 기업 비밀로 보호하고 있어 실제로 무슨 향료를 사용하는지 알 수 없는 경우가 대부분이다.

합성향료 중에는 독성이 강하고 자극적인 냄새가 나는 물질도 있어서 사람에 따라서는 불쾌감을 느끼기도 한다. 단 '미쓰야 사이다'는 은은한 냄새의 향료를 쓰기 때문에 괜찮을 것으로 보인다. 하지만 설탕류가 500㎖당 55g 들어 있으니 아이들에게는 한꺼번에 주기보다 며칠에 걸쳐 나누어 먹이는 편이 좋다.

참고로 '미쓰야 사이다 제로 스트롱'은 설탕류 대신 합성감미료인 아세설팜칼륨과 수크랄로스를 사용한다. 당류를 과다 섭취할 염려는 없지만 합성감미료의 악영향이 우려된다.

＊아세설팜칼륨[감미료/합성], ＊수크랄로스[감미료/합성], ＊향료[합성·천연], ＊산미료[합성], ●탄산[제조용제/합성]

100% 과즙 주스
실제로는 100%가 아니다

마트 등에서 판매되는 100% 과즙 주스를 보고 '진짜 과즙 100%일까?' 하고 의문을 품는 사람도 많을 것이다. 실제로는 거의 모든 제품이 100%가 아니다. 왜냐하면 향료가 첨가되기 때문이다.

100% 과즙 주스의 과즙은 대부분이 농축 환원시킨 것이다. 다시 말해 착즙한 과즙의 수분을 한 번 증발시켜 농축한 뒤 다시 물을 넣고 희석해 만든다. 이렇게 하면 부피가 줄어들어 보관과 운송이 쉬워지므로 비용이 절감되는 반면 중요한 과일 향을 잃게 된다. 그래서 향료를 첨가하는 것이다. '그럼 과즙 100%가 아니잖아!' 싶겠지만, 이것이 현실이다.

향료에는 합성향료가 약 160품목, 천연향료가 600품목 있다. 이 중에는 위험한 물질도 있는데, '향료'라고만 표시되기 때문에 무엇이 사용되었는지 알 수 없다. 소수지만 향료를 첨가하지 않는 제품도 있으므로 원재료명을 잘 살펴보고 '향료'가 기재되지 않은 제품을 고르자.

✳향료[합성·천연]

중화요리 밀키트
안이하게 사용되는 조미료와 카라멜색소

중화요리 밀키트는 가정에서 간편하게 정통 중국요리 맛을 낼 수 있어 인기가 많은 제품이다. 아지노모토의 '쿡도'를 비롯해 각 업체에서 다종다양한 제품이 출시되는데, '제법 맛있는데'라고 느끼는 사람도 꽤 있을 것이다.

하지만 거의 모든 제품에 L-글루탐산나트륨을 주성분으로 한 조미료(아미노산 등)가 사용되고 변성전분과 증점제, 착색료도 들어간다. 일본의 식품 기업은 L-글루탐산나트륨을 너무 안이하게 사용하는 경향이 있다. 마치 일본인 전체가 L-글루탐산나트륨에 중독된 것 같다.

또한 카라멜색소를 사용하는 제품도 많다. 카라멜색소에는 Ⅰ, Ⅱ, Ⅲ, Ⅳ가 있는데, Ⅲ과 Ⅳ에는 발암물질이 들어 있다. 그러나 대부분 '카라멜색소'라고만 표시되기 때문에 무엇이 사용되었는지 알 수 없다. 따라서 되도록 피하는 편이 바람직하다.

그 밖에 천연감미료인 스테비아가 사용된 제품도 있다. 스테비아는 동물 실험에서 수컷 정소에 악영향을 미친다는 보고가 있으니 이것도 가능한 한 피하자.

✳조미료(아미노산 등)[합성], ✳카라멜색소[착색료/천연], ✳변성전분[호료/합성], ✳산미료[합성], ✳카로티노이드[착색료/천연], ✳스테비아[감미료/천연], ●파프리카색소[착색료/천연], ●잔탄검[증점제/천연], ●향신료추출물[천연]

생와사비·생겨자(튜브 향신료)
되도록 황산알루미늄칼륨이 든 제품은 피하자

생와사비와 생겨자가 출시되었을 때 '편리한 제품이 나왔네' 하며 감탄한 사람도 많을 것이다. 하지만 이렇게 편리한 제품을 만들려면 몇 가지 첨가물이 필요하다. 산미료, 향료, 명반, 증점제인 잔탄검, 감미료인 소르비톨 등이 바로 그것이다.

산미료는 구연산과 젖산 등의 산으로 신맛을 내는 동시에 보존성을 높인다. 명반의 정식 명칭은 황산알루미늄칼륨이다. 황산알루미늄칼륨은 보존성을 높이고 색을 유지하는 역할을 하는데, 다량으로 섭취하면 구토나 설사, 소화기 염증을 유발한다.

그리고 이러한 제품에는 알루미늄이 들어 있어서 너무 많이 섭취하면 좋지 않다. 동물 실험에서 알루미늄을 다량으로 섭취하면 신경계뿐만 아니라 간과 신장에도 악영향을 미친다고 밝혀졌기 때문이다.

잔탄검은 일종의 세균 배양액에서 추출한 다당류로 안전성에 문제는 없다.

✸산미료[합성], ✸변성전분[증점제/합성], ✸황산알루미늄칼륨[보색제/합성], ✸향료[합성·천연], ●소르비톨[감미료/합성], ●향신료추출물[천연], ●잔탄검[증점제·안정제/천연], ●트레할로스[감미료/천연], ●비타민C[산화방지제/합성], ●셀룰로오스[증점제/일반음식물첨가물], ●주정[일반음식물첨가물]

△ 육수팩
'진정한 국물'은 아니다

요즘은 말린 멸치나 가다랑어포(가쓰오부시)로 국물을 내는 가정이 흔치 않을 것이다. 일반 가정에서는 주로 육수팩을 사용하지 않을까 싶다. 육수팩이라 하면 뭐니 뭐니 해도 '혼다시'(아지노모토)를 빼놓고 말할 수 없다. 사람들은 이런 제품을 '멸치 등을 우려낸 진정한 국물'이라고 생각할지도 모르지만, 실제로는 L-글루탐산나트륨을 주성분으로 하여 인공적으로 만들어낸 식품에 불과하며 원재료명에 '조미료(아미노산 등)'로 표시된다.

L-글루탐산나트륨은 원래 다시마에 들어 있는 감칠맛 성분인데 현재는 사탕수수 등을 원료로 발효법에 따라 제조되고 있다. 동물 실험에서 독성은 거의 발견되지 않았지만, 사람이 한꺼번에 다량을 섭취하면 얼굴이나 팔에 작열감이나 저림 증세를 느끼는 경우가 있다. 또한 너무 많은 음식에 사용되다 보니 맛이 다 비슷비슷하고, L-글루탐산나트륨이 들지 않으면 미각이 둔해져 '맛이 없다'고 느끼는 문제도 생긴다.

참고로 리켄비타민의 '리켄 소재력 다시'처럼 L-글루탐산나트륨을 사용하지 않은 육수팩도 판매되고 있다.

＊조미료(아미노산 등)[합성]

드레싱
수크랄로스가 들어간 제품은 주의하자!

채소 샐러드에 빠질 수 없는 드레싱. '간편하고 맛있다'며 마구 뿌려 먹는 사람도 있는데, 지방을 많이 함유한 제품이 대다수이기 때문에 너무 많이 먹지 않도록 주의해야 한다.

또한, 조미료(아미노산 등), 산미료, 증점제인 잔탄검 등이 첨가물로 사용된다.

잔탄검은 일종의 세균 배양액에서 분리해서 얻은 다당류 점성 물질이다. 인간을 대상으로 한 실험은 시행되지 않았지만, 특별히 문제 될 만한 동물 실험 결과는 발견되지 않았다. 오히려 콜레스테롤이 감소한 결과를 보였다.

그 밖에 천연감미료인 스테비아가 사용된 제품도 있는데, 이것은 정소에 악영향을 미칠 염려가 있으므로 가능한 한 피하는 편이 좋다.

그리고 '리켄노 논오일 아오지소'(리켄비타민)처럼 합성감미료인 수크랄로스를 첨가한 제품도 있으니 주의하기 바란다.

✳수크랄로스[감미료/합성], ✳조미료(아미노산 등)[합성], ✳산미료[합성], ✳스테비아[감미료/천연], ✳변성전분[증점제/합성], ✳향료[합성·천연], ✳비타민B₁[영양강화제/합성], ●잔탄검[증점제/천연], ●향신료추출물[천연], ●주정[일반음식물첨가물]

마요네즈
증점다당류로 칼로리컷

'마요네즈는 역시 큐피지'라고 할 정도로 큐피는 마요네즈 시장을 독점하고 있다. 마요네즈는 주로 달걀과 식물유, 식초로 만들어지는데 그 밖에도 조미료(아미노산 등)와 향신료추출물이 첨가된다. 또 사진 속의 '큐피 제로' 같은 칼로리컷 타입에는 증섬다당류가 사용된다.

증점다당류는 식물이나 해조, 세균 등에서 추출한 점성이 있는 다당류로, 여기에는 잔탄검과 카라기난, 구아검 등 30품목 정도가 있다. 기본적으로 포도당이 결합한 다당류이기 때문에 그만큼 독성이 강한 물질은 없지만, 몇 가지 안전성에 의심이 가는 물질도 있다. 게다가 1품목을 사용한 경우는 구체적인 명칭이 표시되지만 2품목 이상을 사용한 경우는 '증점다당류'라고만 표시되기 때문에 무엇이 들어 있는지 알 수 없다.

그 밖에 '가수분해단백질'도 사용된다. 이는 대두나 육류 등의 단백질을 효소나 염산으로 분해하여 아미노산으로 만든 물질로 첨가물이 아니라 식품으로 분류된다.

✳조미료(아미노산 등)[합성], ✳증점다당류[증점제/천연], ●향신료추출물[천연]

멘쯔유
추출물은 첨가물일까?

멘쯔유는 소바나 우동에 빠질 수 없는 식품으로, '종류가 많은데 무슨 차이가 있지?' 하고 느끼는 사람도 있을 것이다. 제품에 따라 말린 멸치나 다시마, 고등어, 표고버섯 등 원재료에 조금 차이가 있다.

멘쯔유에는 추출물류가 많이 사용되는데, 이는 첨가물이 아닌 식품으로 분류되며, 가다랑어 추출물, 다시마 추출물, 표고버섯 추출물 등 여러 가지가 있다. 추출물은 쉽게 말해 가다랑어와 다시마 등을 끓여서 맛 성분을 녹여내 그것을 추출한 것을 말한다. 이때 추출물 속에 조미료(아미노산 등) 등의 첨가물을 넣어 그것이 멘쯔유에도 효과를 발휘할 정도의 양이 남아 있다면 조미료(아미노산 등)라고 표시해야 한다.

멘쯔유에는 원재료명에 '조미료(아미노산 등)'라고 표시된 제품이 압도적으로 많은데, 이는 멘쯔유를 제조하는 과정에서 첨가되었거나 농축액류에 원래부터 첨가된 것이다. 어쨌든 L-글루탐산나트륨을 주성분으로 한 조미료가 함유되어 있다는 뜻이다.

✳조미료(아미노산 등)[합성], ✳산미료[합성], ✳카라멜색소[착색료/천연], ●알코올[일반 음식물첨가물]

불고기·전골 양념
카라멜색소와 암은 관계가 있다

불고기·전골 양념은 '본고장의 맛'으로 인기를 끌고 있는 제품이 많은데, 그중에는 착색료인 카라멜색소가 들어간 것도 많다. 전분 등을 가열하여 만드는 카라멜색소에는 4종류가 있는데, 그중 2종류에 4-메틸이미다졸이라는 발암물질이 함유되어 있다. 단 다른 2종류에는 발암물질이 없어서 안전성에 문제는 없다.

카라멜색소는 소스나 과자류, 라면수프, 카레루 등 많은 식품에 사용되기 때문에 그 영향이 우려된다.

게다가 조미료(아미노산 등)를 첨가한 제품도 있다. 이런 제품들은 일본의 대표 조미료 '아지노모토'의 주성분인 L-글루탐산나트륨을 주원료로 한 것으로, L-글루탐산나트륨을 한 번에 너무 많이 섭취하면 민감한 사람의 경우, 얼굴에서 팔까지 열감이나 저림 증세를 느끼기도 한다.

참고로 '에바라 불고기 양념 간장 맛'(사진 속 제품과 다름)에는 첨가물은 사용되지 않는다. 그래서 나도 가끔 이 제품을 구매한다.

✳카라멜색소[착색료/천연], ✳조미료(아미노산 등)[합성], ✳산미료[합성], ●잔탄검[증점제/천연], ●주정[일반음식물첨가물]

폰즈 △

본연의 맛이 살아 있는 폰즈는 어디로 갔을까?

'찌개에 폰즈를 사용한다'는 가정도 많을 것이다.

미츠칸의 '아지폰'이 그 대표 제품이다. 원재료는 간장과 양조식초 등이지만, 첨가물이 꽤 많이 사용된다. 우선 L-글루탐산나트륨을 주성분으로 한 조미료(아미노산)가 첨가된다.

어째서 L-글루탐산나트륨은 거의 모든 식품에 빠지지 않고 들어갈까? 아무래도 식품 기업에서는 L-글루탐산나트륨을 첨가하지 않으면 '팔리지 않는다'고 믿는 듯하다. 폰즈에는 간장과 식초, 감귤즙만 섞으면 충분할 것 같은데 말이다.

그리고 산미료도 첨가되는데, 양조식초를 원재료로 하면서 왜 산미료가 필요한지 이해하기 어렵다. 게다가 향료까지 첨가된다. 좀 더 본연의 맛이 살아 있는 폰즈를 제조해주었으면 좋겠다.

간장에 감귤류를 짜 넣은 수제 폰즈를 만들어보는 것도 좋을 듯하다.

✳조미료(아미노산 등)[합성], ✳산미료[합성], ✳향료[합성·천연], ✳변성전분[증점제/합성]

마가린
트랜스지방이 신경 쓰이지만……

버터와 마가린은 뭐가 다를까? 버터는 우유에서 분리한 크림을 휘저어 엉기게 한 다음 응고시킨 것이다. 한편 마가린은 옥수수유나 대두유 같은 식물유로 만든다. '그런데 식물유는 액체 아닌가?' 하는 사람도 있을 것이다. 식물유는 불포화지방산이 많고 상온에서는 액체 상태지만, 수소를 넣으면(이를 수소첨가라고 한다) 포화지방산으로 바뀌어 응고된다. 이것을 경화유라고 한다.

이 과정에서 한동안 문제가 된 '트랜스지방산'이 생긴다. 트랜스지방산은 나쁜 콜레스테롤을 증가시키고 좋은 콜레스테롤을 감소시켜 심장 질환을 유발할 위험성을 높인다고 하는 지방산이다.

마가린은 경화유와 식물유를 섞어 유화제, 향료, 착색료 등을 첨가해 만들어진다.

참고로 요즘은 마가린 제조법이 개선되어 트랜스지방산이 적은 제품도 판매되고 있다.

※유화제[합성·천연], ※향료[합성·천연], ●카로티노이드(착색료/천연), ●베타카로틴[착색료/합성], ●비타민E[산화방지제/합성·천연]

3

제 3 장

먹어도 되는 첨가물 및 무첨가 식품

○ 식빵

안심하고 먹을 수 있는 식빵이 늘고 있다

'아침은 식빵과 커피를 먹는다'는 사람도 많을 것이다. 요즘 식빵은 '초주쿠'(시키시마제빵)나 '세븐프리미엄 세븐브레드', '싯토리 식빵'(세븐앤아이홀딩스)처럼 무첨가, 혹은 '혼시코미'(후지빵)처럼 비타민C만 첨가된 제품이 많아서 안심하고 먹을 수 있다.

'트랜스지방산은 괜찮을까?' 하고 걱정하는 사람도 있을 텐데, 트랜스지방산을 줄인 마가린을 사용하기에 딱히 문제 될 건 없다. 참고로 트랜스지방산은 마가린이나 쇼트닝 등에 많이 들어 있는데, 나쁜 콜레스테롤은 증가시키는 반면 좋은 콜레스테롤은 감소시켜 심장 질환을 높인다는 지방산이다.

단, 야마사키제빵의 '초호준'이나 '모닝 스타' 등에는 이스트푸드와 유화제가 사용된다. 이스트푸드는 18품목 첨가물 중에서 몇 가지를 골라 빵효모(이스트)에 섞어서 만든다. 여기에는 염화암모늄 등 독성이 강한 물질도 있어서 무엇이 사용되었는지 알 수 없다는 점에서 불안하다.

✳이스트푸드[합성], ✳유화제[합성·천연], ●비타민C[소맥분개량제·산화방지제/합성]

스파게티·마카로니

첨가물이 없고 보존식품으로도 이용하는 우수 식품

스파게티는 쌀과 빵에 버금가는 주식이라고 할 수 있으며, 원료는 듀럼밀 세몰리나이다. 듀럼밀은 지중해 연안과 중근동, 미국, 캐나다 등지에서 재배되는 낱알이 단단한 밀로 스파게티나 마카로니에 적합하다.

스파게티나 마카로니는 육안으로도 알 수 있듯이 굉장히 단단하고 수분을 거의 함유하지 않아 부패하지 않는다. 따라서 보존료를 첨가하지 않는다. 그 밖에 조미료나 다른 첨가물도 사용하지 않는다. 게다가 이들 식품은 3년 정도 장기 보관이 가능해서 보존식품으로도 이용할 수 있다.

'잔류 농약은 없을까?' 하고 걱정하는 사람도 있을 텐데, 이는 제품을 하나하나 조사해보지 않고서는 알기 어렵다. 예전에 내가 독자적으로 이탈리아산 스파게티를 몇 종류 조사한 바에 따르면 농약은 검출되지 않았다.

없음

○ | 소면·우동(건면)
원재료는 밀가루와 소금뿐이라서 안심해도 좋다

'여름에는 역시 소면이지!' 하는 사람도 많을 것이다. 반면, 우동은 계절에 상관없이 먹을 수 있다.

소면과 우동의 원재료는 기본적으로 밀가루와 소금이다. 사진 속 '이보노이토'(효고현 수연소면협동조합)처럼 건조를 막기 위해 식용 식물유를 사용한 제품도 있는데 첨가물은 사용되지 않는다. 단 우동에는 변성전분이 첨가된 제품도 있다. 예전에는 밀가루에 표백제가 사용되어 문제가 된 적이 있었지만, 지금은 사용되지 않는다. 하지만 밀 알레르기가 있는 사람은 주의해야 한다.

또 '잔류 농약은 괜찮을까?' 하고 걱정하는 사람도 있을 것이다. 미국 등에서 수입된 밀에는 운송 중 해충의 피해를 막기 위해 수확한 후 농약을 사용한다. 그러나 원료인 밀가루는 껍질을 제외한 밀을 가루로 만든 것이기에 농약은 남아 있지 않거나 남아 있어도 극히 미량이라고 본다. 따라서 소면과 우동에는 잔류 농약이 거의 없다고 할 수 있다.

＊변성전분[호료/합성]

메밀국수(건면)
메밀 알레르기가 있는 사람만 주의하면 된다

　메밀국수(소바)의 원재료는 기본적으로 메밀가루, 밀가루, 소금이다. 어떤 제품에는 참마가 사용되기도 한다. 우동, 소면과 마찬가지로 건조식품이라 잘 부패하지 않고, 따로 양념도 하지 않기 때문에 보존료나 조미료도 사용되지 않는다.

　단 메밀 알레르기가 있는 사람은 주의해야 한다. 메밀은 사람에 따라서는 매우 강한 알레르겐이 되어 쇼크 증상을 일으킬 수 있기 때문이다. 예전에 홋카이도에서 학교 급식으로 나온 소바를 먹고 한 아동이 알레르기 증상을 일으켜 사망에 이르렀던 사건이 있었다.

　소바는 중국이나 캐나다, 미국 등지에서 수입된다. '잔류 농약은 없을까?' 하고 걱정하는 사람도 있을 텐데, 이는 제품을 검사해보지 않고서는 알 수 없다. 그러나 만일 농약이 미량 남아 있다 해도 삶은 국물에 어느 정도 녹아 사라질 것으로 예측된다.

　일본에서는 홋카이도 등에서 메밀이 재배된다. 과연 어느 쪽이 더 안전할까?

없음

⭕ 냉동 우동
보존료와 산미료를 사용하지 않는다

'냉동 우동은 쫄깃해서 맛있다'고 느끼는 사람이 많을 것이다.

사진 속 '세븐프리미엄 국산밀 사누키 우동'(세븐아이홀딩스)의 원재료는 밀가루와 소금뿐으로 첨가물은 사용되지 않는다. 면발이 탱글탱글하며 생우동과 달리 산미료 등이 들어가지 않아서 우동 본연의 맛이 살아 있다.

단 제품에 따라서는 변성전분을 첨가한 것도 있다. 변성전분은 전분에 화학 처리를 해서 초산전분이나 산화전분 등으로 바꾼 물질로, 여기에는 총 11품목이 있다. 일본 내각부의 식품안전위원회는 '첨가물로 적절히 사용된 경우, 안전성에 문제가 없을 것으로 사료된다'고 밝혔다. 전분을 바탕으로 만들었기 때문에 안전성이 높다고 판단하는 듯하다. 하지만 발암성이나 생식 독성에 관한 실험 자료가 없는 품목도 있으니 모든 물질이 안전하다고는 단정할 수 없다.

＊변성전분[증점제/합성]

즉석밥

용기의 안전성이 신경 쓰인다?

즉석밥은 전자레인지로 데우기만 하면 따끈
따끈한 밥이 뚝딱 완성되는 편리한 제품이다.
사진 속 '사토노고항'(사토식품)의 원재료는 멥
쌀뿐이며 첨가물은 사용되지 않는다. 즉석밥
은 기타 제품에도 대부분 첨가물이 들어가지
않는다. 지은 밥을 용기에 밀폐하여 통조림과
같은 상태로 만든 것이기에 보존료를 사용하지
않아도 장기간 보존이 가능하다.

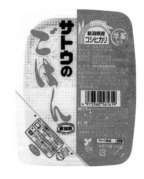

단 '용기의 안전성이 신경 쓰인다'는 사람도 있을 것이다. 즉 용기의 플
라스틱 성분이 과열로 인해 녹아 밥에 부착되는 게 아니냐는 것이다.

보통 밥을 덮는 뚜껑의 성분은 'PE, PA', 밥을 담는 용기는 'PP, EVOH'
다. 여기서 PE는 폴리에틸렌, PA는 나일론, PP는 폴리프로필렌, EVOH
는 에틸렌비닐알코올을 뜻한다. 밥과 직접 닿는 용기에 사용되는 PP와
EVOH는 동물 실험에서 독성이 발견되지 않았다. 모두 소화관으로 흡수
되지 않아서라고 생각된다.

없음

○ 기리모찌

대표 제품에는 첨가물이 없다

요즘에는 명절이 아니어도 언제든 떡을 먹을 수 있다. 한입 크기로 낱개 포장된 기리모찌가 판매되기 때문이다. 기리모찌는 떡의 원재료인 찹쌀떡을 쪄서 모양을 만든 다음 봉지에 넣은 것이다.

떡은 곰팡이가 생기기 쉬운 음식이다. '냉장고에 넣었는데도 곰팡이가 생겼다'고 호소하는 사람도 꽤 있을 것이다. 하지만 한 개씩 봉지에 넣어 질소를 충전하고 산소를 막으면 곰팡이 발생을 억제할 수 있다. 그래서 기리모찌 제품은 장기 보존이 가능하다. 부패할 염려가 없어서 보존료도 필요하지 않다.

사진 속 제품은 '사토노 기리모찌'(사토식품)로 원재료는 '스이토 찹쌀'뿐이며 첨가물은 사용되지 않는다.

하지만 변성전분, 산도조절제, 글리신 등이 사용되는 제품도 있다. 따라서 성분을 잘 살펴보고 무첨가 제품을 고르도록 하자!

✳변성전분[호료/합성], ✳글리신[조미료/합성], ✳산도조절제[합성]

두부
안전한 첨가물만 사용된다

두부는 콩을 삶아 짜낸 콩물에 두부응고제인 염화마그네슘이나 황산마그네슘 등을 첨가하여 응고시킨 식품이다. 이러한 첨가물은 원래 해수에 들어 있는 성분이기에 안전성에 문제는 없다. 소포제(제조 과정에서 생기는 거품을 제거한다)로 글리세린지방산에스테르를 사용한 제품도 있지만, 식품에도 들어가며 지방에 가까운 성분이므로 걱정할 필요는 없다.

그 밖에 두부응고제로 조제해수염화마그네슘을 사용한 제품도 있다. 조제해수염화마그네슘은 해수에서 염화나트륨을 분리한 액체를 냉각하고 염화칼륨 등을 분리하여 얻은 것이다. 주성분은 염화마그네슘으로 안전성에 문제는 없다고 본다.

참고로 연두부에는 글루코노델타락톤이 사용되는 경우가 있다. 이것은 젖산 발효 연구에서 발견된 물질로 지금은 화학적으로 합성되어 쓰이며 동물 실험에서 독성은 발견되지 않았다. 탄산마그네슘을 사용한 제품도 있는데 이것도 안전하다.

●염화마그네슘[두부응고제/합성], ●황산마그네슘[두부응고제/합성], ●조제해수염화마그네슘[두부응고제/천연], ●글리세린지방산에스테르[소포제·유화제/합성], ●글루코노델타락톤[두부응고제/합성], ●탄산마그네슘[제조용제/합성] ●레시틴[유화제/천연]

낫토
낫토 자체는 무첨가, 소스와 겨자는 아니다

낫토는 콩과 낫토균으로 만들어진다. 즉, 무첨가 식품이다. 그런데 '유전자 변형 콩은 아닐까?' 하고 불안해하는 사람도 있을 것이다. 하지만 낫토에 사용되는 콩은 대개 알이 작은 품종이므로 미국에서 계약 재배된 유전자 변형 작물일 가능성이 낮다.

낫토에 들어 있는 '소스나 겨자는 문제없을까?' 하는 우려의 목소리도 들린다. 소스에는 조미료(아미노산 등)와 산미료, 알코올이 첨가되는데, 산미료와 알코올은 보존성을 높이는 역할을 한다. 겨자에는 심황색소와 증점다당류가 들어간다. 심황색소는 카레 가루에 사용되는 심황에서 용제 등을 사용해 추출한 노란색 색소다. 동물 실험에서 독성을 시사하는 자료도 보고되었으나, 심황은 원래 카레 가루에 사용되는 것이기에 큰 문제는 없는 것으로 보인다. 증점다당류는 나무껍질이나 해조, 세균 등에서 추출한 점성 성분이다. 무첨가 낫토를 먹고 싶다면 소스와 겨자가 들지 않은 제품을 사거나 그것을 버리고 간장을 사용하기 바란다.

✳조미료(아미노산 등)[합성], ✳산미료[합성], ✳심황색소[착색료/천연], ✳증점다당류[증점제/천연], ✳비타민B₁(V.B₁)[영양강화제/합성], ●알코올[일반음식물첨가물], ●비타민C(V.C)[산화방지제/합성], ●향신료(향신료추출물)[천연]

콩자반
첨가물은 이렇게 사용하자

　콩자반은 편리한 일품 반찬이다. '건강에도 좋겠지' 하며 즐겨 먹는 사람도 많으리라 생각한다. 콩자반에는 강낭콩, 검은콩, 대두 등 다양한 콩이 원재료로 사용된다.

　대표 제품인 '후짓코'는 모두 진공 포장되어 있으며 보존료는 사용되지 않는다. 예전에는 산미료를 첨가했으나 지금은 쓰지 않는다.

　'오마메상 단맛을 억제한 강낭콩' 등에는 젖산칼슘이 첨가된다. 젖산칼슘은 영양강화제라서 표시 면제 대상이지만 업체에서는 대부분 표시한다. 칼슘을 보충하는 물질이므로 안전성에 문제는 없으며, '산'의 일종이라서 보존성을 높이는 작용도 있다. 즉, 젖산칼슘은 칼슘을 보충하고 보존성을 높이는 안전한 물질이다.

　단, 검은콩에는 콩을 불려 부드럽게 하기 위해 탄산수소나트륨이 사용된다.

✷산미료[합성],　✷탄산수소나트륨[팽창제/합성],　●젖산칼슘[영양강화제/합성]

고등어 통조림
첨가물도 없고 맛도 좋다

'고등어 통조림은 건강에 좋아서 자주 먹는다'는 사람도 있을 것이다. 고등어 같은 등푸른생선에는 EPA(에이코사펜타엔산)와 DHA(도코사헥사엔산) 등의 불포화지방산이 풍부하게 들어 있어 동맥경화, 심근경색 등을 예방한다. 그래서인지 특히 어르신들이 고등어 통조림을 많이 드시는 듯하다.

고등어 통조림은 다양한 종류가 판매되고 있는데, 사진 속 '고등어 된장 조림'(이토식품)의 원재료는 '고등어(일본산), 설탕, 된장, 소금'뿐이며, 첨가물이 사용되지 않아 맛이 깔끔하다. 나도 즐겨 먹는데 먹을 때마다 맛있다고 느낀다. 고등어 통조림은 그야말로 안전하고 맛있는 모범 식품이다.

한편, 마루하니치로의 '고등어 된장 조림'에는 조미료(아미노산 등), 증점다당류, 향신료추출물이 첨가된다. '절대로 먹지 마세요'라고 할 정도는 아니지만, 아무래도 깔끔한 맛이 안 난다. 역시 무첨가 제품을 추천한다.

＊조미료(아미노산 등)[합성], ＊증점다당류[증점제/천연], ●향신료추출물[천연]

옥수수 통조림
구연산은 문제 되지 않는다

　스튜나 파스타 등을 만들 때 편리한 옥수수 통조림. 아마 '자주 사용한다'는 사람이 많을 듯하다. 사진 속 '이나바 소금 무첨가 콘'(이나바식품)의 원재료는 '옥수수(유전자 변형은 없다)'뿐이며 첨가물은 사용되지 않기에 안심하고 먹을 수 있다.

　한편 '홋카이도산 아삭한 옥수수'(하고로모푸즈)는 '옥수수(홋카이도산, 유전자 변형 방지 관리제), 소금' 외에 구연산이 첨가된다. 그래서 첨가물이 없는 이나바식품 쪽에 매력을 느끼는 사람이 많으리라 생각한다.

　단, 구연산은 안전성 면에서 문제가 없다. 구연산은 원래 귤이나 레몬 등의 감귤류에 들어 있는 산이며, 화학적으로 합성된 물질이 첨가물로 사용되고 있다. 식품에 함유된 산이기에 안전성에 문제는 없다.

●구연산[산미료/합성]

○ 삶은 죽순
무첨가 유기농 죽순이 늘고 있다

삶은 죽순은 고추잡채나 지쿠젠니(닭고기와 야채를 찐 일본 요리-역주)를 만들 때 편하게 이용할 수 있으며, 진공 팩에 넣기 때문에 보존료는 사용되지 않는다.

그러나 산화하여 변질되는 현상을 막기 위해 산화방지제인 비타민C가 사용되는 제품이 있다. '비타민C는 안전하지 않나?'라고 생각하는 사람도 많을 것이다. 그렇다. 비타민C는 원래 레몬이나 딸기 등에 들어 있는 영양성분이기에 문제 될 건 없다. 참고로 첨가물로 사용되는 비타민C는 보통의 비타민C와는 조금 다르지만(제4장 비타민C 항목 참조), 역시 안전성에 문제는 없다.

또한 산도조절제를 사용하는 제품도 있다. 구연산이나 인산 같은 산이 주로 사용되는데 여기에는 보존성을 높이는 작용이 있다. 약 30품목 정도 있으며 독성이 강한 물질은 발견되지 않았다.

참고로 최근에는 사진처럼 유기농으로 재배된, 즉 농약이나 화학비료를 사용하지 않고 키운 죽순을 원재료로 한 제품이 늘고 있다. 이러한 제품은 첨가물이 들어 있지 않아서 나도 애용 중이다.

✳산도조절제[합성], ●비타민C(V.C)[산화방지제/합성], ●구연산[산미료/합성]

단밤

중국산이라도 유기농이니 안심해도 좋다

밤을 까서 팩에 넣은 단밤 제품들이 판매되고 있다. 맨 처음 출시된 제품은 '껍질 깐 단밤'(크라시에푸즈)으로, 그 후 유사 제품이 잇따라 출시되고 있다.

나는 강연 등으로 지방 출장을 갈 때 역사 내 매점에서 단밤을 즐겨 사먹곤 한다. 역에서 판매하는 도시락은 보존료나 표백제 등 위험성이 높은 첨가물이 들어 있어서 별로 내키지 않기 때문이다.

단밤은 첨가물이 사용되지 않고 영양가도 높아서 우수 식품이라고 할 수 있다. 게다가 '껍질 깐 단밤' 제품은 유기농 식품으로 재배 시 농약이 사용되지 않기에 안심하고 먹을 수 있다. 알밤은 중국산이지만 일본 농림수산성의 '유기식품 검사 인증제도'에 기초하여 재배, 가공되므로 농약이나 첨가물은 사용되지 않는다. 따라서 첨가물이나 잔류 농약의 자극을 전혀 느끼지 않을 것이다.

없음

양갱
단맛이 나는 데는 이유가 있다

'양갱은 너무 달아서 싫다'는 사람도 있을 것이다. 그러나 설탕을 많이 사용하는 이유는 단순히 단맛을 내기 위함뿐 아니라 보존을 위함이기도 하다.

소금에 보존 효과가 있다는 사실은 다들 알고 있으리라 생각한다. 식품에 소금이 5~10% 사용되면 세균이 증식할 수 없다. 이것을 '염장'이라고 한다. 설탕도 50~60% 사용되면 같은 효과를 낸다. 이것을 '당장(糖藏)'이라고 한다.

양갱의 원재료는 보통 설탕, 팥소, 한천이며 설탕이 많이 들어가는 대신 보존료는 첨가되지 않는다. 그런데도 부패하지 않는다. 설탕이 세균 증식을 억제하기 때문이다.

개중에는 감미료인 소르비톨을 첨가한 제품이 있지만, 안전성에 문제는 없다.

단 제품에 따라서는 산미료나 향료 등을 첨가하기도 하므로 주의해야 한다. 첨가물이 들어가지 않은 양갱도 맛있다.

✶산미료[합성], ✶향료[합성·천연], ●소르비톨[감미료/합성]

카스텔라

의외로 무첨가 제품이 많다

'카스텔라의 폭신한 식감이 좋다'는 사람도 많을 것이다. 카스텔라의 원재료는 달걀, 밀가루, 설탕뿐이라서 집에서도 만들 수 있다. 시판되는 상품 중에는 이무라야에

서 출시한 사진 속 '폭신한 카스텔라'처럼 물엿이나 굵은 설탕, 버터, 찹쌀엿을 넣은 제품도 있다. 맛있는 데다 첨가물이 사용되지 않으니 나도 가끔 사먹는다.

하지만 유감스럽게도 시판되는 카스텔라 중에는 대량 생산을 위해 팽창제나 유화제를 첨가한 제품도 있다.

팽창제는 탄산수소나트륨을 주성분으로 몇 가지 품목을 조합하여 사용하는 경우가 대부분이다. 독성이 강한 물질은 발견되지 않았지만, 섭취 후에 탄산수소나트륨 특유의 맛이 입안에 남거나 위에 자극을 주기도 한다.

유화제는 물과 기름처럼 섞이지 않는 액체가 잘 섞이도록 사용되는데, 안전하다고 단정할 수는 없다.

＊팽창제[합성], ＊유화제[합성]

117

플레인 요구르트
영양가가 높고 장에도 좋다

'칼슘과 단백질이 풍부하고 장에도 좋다'는 광고에 플레인 요구르트를 먹고 있다는 사람도 적지 않을 것이다. 메이지의 '불가리아 요구르트', 모리나가유업의 '비피더스', 고이와이유업의 '고이와이 우유 100% 요구르트' 등이 그 대표 제품으로 큰 인기를 끌고 있다. 이러한 플레인 요구르트의 원재료는 '우유, 유제품' 또는 '우유'이며, 첨가물은 사용되지 않는다. 요구르트에 들어 있는 유산균이나 비피더스균이 '장을 건강하게 한다'고 내세우며 특정 보건용 식품으로도 허가받았다.

하지만 딸기나 키위 같은 맛이 첨가된 플레인 요구르트는 무첨가 제품이 아니므로 주의해야 한다. 그러한 제품에는 향료나 산미료, 착색료 등이 첨가된다. 특히 냄새가 강한 향료를 넣기 때문에 나는 이런 요구르트를 먹으면 역겨운 느낌이 든다.

더구나 요구르트에 이미 산 성분이 들어 있는데 산미료를 또 첨가하면 위에 자극을 주게 된다. 그 밖에 합성감미료인 수크랄로스를 첨가한 제품도 있으니 주의하자.

없음

118

견과류

기본적으로 첨가물과 소금이 들어가지 않는다

아몬드나 캐슈너트, 호두 등의 견과류는 최고의 술안주다. '진미채보다 견과류가 더 좋다'는 사람도 있을 텐데, 이렇게 말하는 나도 그중 한 사람이다.

견과류는 건조식품으로 고유의 맛이 있어서 보존료나 조미료 등의 첨가물은 사용되지 않는다. 단 많은 양의 소금이 사용되는 제품이 있으니 고혈압 등으로 염분을 삼가야 하는 사람은 주의해야 한다. 참고로 사진 속 제품처럼 소금을 사용하지 않은 상품도 있다.

견과류는 수입산이 대부분인데 드물게 아플라톡신B_1이라는 곰팡이독이 발견되기도 한다. 아플라톡신B_1은 맹독에 발암성까지 있는 물질이다. 하지만 검역소에서 아플라톡신B_1이 발견된 제품은 폐기되므로 안심해도 좋다.

제품에 따라서는 조미료(아미노산 등) 등이 첨가되기도 하니, 원재료명을 잘 확인하고 구매하자.

없음

○ | 마른안주
술이 술술 넘어가는 무첨가 마른안주

마른안주는 집에서 술을 마실 때 간단히 먹기 좋다. 진미채, 마른오징어, 콩 제품 등이 인기 있는데, 의외로 무첨가 제품이 많다.

예를 들어 나토리의 '늘 함께하는 술안주 마른오징어'의 원재료는 '오징어(수입), 소금'뿐이다. 또 '솜씨 일품 진미채 어화'는 '오징어(수입 또는 일본산 5% 미만), 설탕, 소금, 효모추출물, 청주'로 첨가물은 사용되지 않는다. 그리고 '마른안주 저스트 팩 피시 아몬드'도 '아몬드(미국), 정어리, 설탕, 물엿, 참깨, 소금, 향신료'로 역시 첨가물은 사용되지 않는다.

가루비의 '미노 누에콩'은 '누에콩(중국 또는 이집트), 식물유, 식염/산화방지제(비타민C)', '미노 콩'은 '콩(홋카이도산, 유키호마레 100%), 식물유, 식염/산화방지제(비타민C)'로 첨가물은 안전한 비타민C뿐이다.

단, 제품에 따라서는 합성보존료인 소르빈산칼륨이나 제1장에서 언급한 가스가이제과의 '그린빈'처럼 타르색소를 사용하므로 주의해야 한다.

✳소르빈산칼륨[보존료/합성], ✳황색4호[착색료/합성], ✳청색1호[착색료/합성], ✳조미료(아미노산 등)[합성], ✳팽창제[합성]

차·우롱차 음료
의외의 비타민C 사용법

'물 대신 차 음료를 마신다'는 사람도 많을 것이다. 길거리 자동판매기에는 페트병에 든 차 음료가 쭉 나열되어 있다. 이러한 식품의 원료는 녹차나 우롱차다. 그런데 여기에 비타민C도 포함된다는 사실을 알고 있는가?

아마 '비타민C를 강화했나 보다'고 생각하는 사람도 있을 것이다. 하지만 실은 그렇지 않다. 차 음료는 시간이 지나면 색이 변한다. 색소에 산소가 결합하여(이를 산화라고 한다) 변색되기 때문이다. 또한, 산화로 인해 맛과 풍미도 떨어지게 된다.

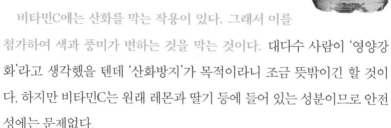

비타민C에는 산화를 막는 작용이 있다. 그래서 이를 첨가하여 색과 풍미가 변하는 것을 막는 것이다. 대다수 사람이 '영양강화'라고 생각했을 텐데 '산화방지'가 목적이라니 조금 뜻밖이긴 할 것이다. 하지만 비타민C는 원래 레몬과 딸기 등에 들어 있는 성분이므로 안전성에는 문제없다.

●비타민C[영양강화제·산화방지제/합성]

121

○ 채소 주스

향료가 들어간 제품은 주의하자!

'현대인은 채소가 부족하다'고들 한다. 그래서 간편하게 채소를 섭취할 수 있어 인기를 끌고 있는 제품이 채소 주스다. 캔에 든 토마토 주스나 채소 주스, 또 '하루 야채를 이 한 팩에'(카고메)나 '하루치 야채'(이토엔)처럼 종이팩이나 페트병에 든 제품이 판매되고 있다.

이러한 제품은 모두 무첨가 식품이다. 단, 향료가 첨가된 제품과 소금이 많이 든 제품도 있으니 주의가 필요하다. 사진 속 제품은 첨가물과 소금을 사용하지 않은 것이다.

참고로 '하루 야채를 이 한 팩에'나 '하루치 야채' 제품을 한 개 다 마시면 이것으로 1일 채소 섭취량을 충족시켰다고 생각하는 사람도 있겠지만, 그렇지 않다. 어디까지나 하루에 섭취하는 것이 바람직하다고 여겨지는 350g 분량의 채소를 짜서 만든 주스라는 의미에 지나지 않는다. 하루에 필요한 채소 영양소를 모두 함유한 것은 아니니 착각해서는 안 된다. 하지만 채소에 함유된 영양소를 일정량 간편하게 섭취할 수 있다는 점은 틀림없는 사실이다.

✳ 향료[합성·천연], ● 비타민C[영양강화제·산화방지제/합성]

두유
무첨가 제품을 고르자!

　'건강에 좋으니까 두유를 먹는다'는 사람도 많다고 생각한다. 단, 무첨가와 그렇지 않은 제품이 있다. 사진 속 '킷코만 맛있는 무조정 두유'(킷코만)와 '스고이 다이스'(오츠카식품) 등은 무첨가 제품이지만, 가장 인기 있는 '킷코만 조정 두유'에는 유화제와 향료, 호료인 카라기난, 젖산칼슘 등이 첨가된다.

　호료는 걸쭉함과 점성을 더하는 물질이다. 카라기난은 해조의 일종에서 추출한 물질로 동물에게 다량 급여한 실험에서는 암을 유발한다는 사실이 밝혀졌다. 또 달걀에 주사한 실험에서는 병아리에게 문제가 발견되었다. 이러한 실험 결과가 도출된 이상, 피하는 편이 무난하다고 생각한다. 한편, 젖산칼슘은 영양강화제 일종이다. 또 '산'의 일종이기 때문에 보존성을 높이는 역할도 한다.

　참고로 '킷코만 맛있는 무조정 두유'는 무첨가임에도 불구하고 콩 특유의 풋내가 나지 않고 그 이름처럼 굉장히 맛있다. 꼭 한 번 마셔보기 바란다.

✸카라기난[호료/천연], ✸유화제[합성], ✸향료[합성·천연], ●젖산칼슘[영양강화제/합성]

○ 우유
우유는 우유만으로 제조된다

우유에는 첨가물이 사용되지 않는다. 우유 및 유제품 성분 규격에 관한 성령인 '유등 성령'(한국의 부령에 해당하며 법률과 같은 지위를 갖는다-역주)에 따라 '우유'는 젖소에서 짜낸 우유만을 원료로 사용하며, 무지방 고형분 8.0% 이상 및 유지방분 3.0% 이상 함유해야 한다고 정해져 있기 때문이다. 즉 물이나 그 밖의 원료, 첨가물은 사용되지 않는다.

일반적으로 우유는 130℃에서 2초간 살균된다. 이러한 방법으로 제조된 우유를 초고온 살균 우유라고 하며, 사진 속 '메이지 맛있는 우유'(메이지)가 대표적이다. 그 밖에 저온 살균 우유(62~68℃에서 30분간 살균), 고온 살균 우유(72~75℃에서 15초 이상 살균) 등이 있다.

덧붙이자면 우유 외에 가공유와 유음료가 있다. 가공유는 우유에 탈지분유나 크림 등의 유제품을 더한 것으로 지방분을 조절한다. 유음료는 우유와 유제품을 주원료로 하여 커피나 과즙, 당류 등 우유 이외의 성분을 혼합한 것으로 탄산칼슘이나 비타민D 등 영양강화제, 유화제 등이 첨가되기도 한다.

없음

녹즙

분말은 무첨가 제품이 많다

'건강에 좋을 듯하여 매일 녹즙을 마신다'
는 사람도 있을 것이다. 마트 등에는 종이팩
에 든 제품이 판매되고 있고, 또 약국에는 분
말 형태 제품이 다양하게 진열되어 있다. TV
홈쇼핑 프로그램에서도 분말 형태 제품이 판
매되고 있다.

녹즙은 분말 형태 제품이 많으며 대부분 첨
가물은 사용되지 않는다. 사진 속 제품도 마
찬가지로 원재료는 '새싹보리 분말(일본 제조)'뿐이다. 다만 제품에 따라서
는 비타민A나 비타민E, 비타민B$_2$ 등의 영양강화제를 첨가한 제품도 있
다. 한편, 천연감미료인 스테비아 또는 합성감미료인 아스파탐, 수크랄로
스 등을 첨가한 제품도 있으므로 주의하자.

덧붙이면 나도 매일 녹즙을 마시고 있다. '유기농 새싹보리 100%'(파
인)라는 제품으로 유기농으로 재배한 새싹보리를 분말 형태로 만든 제품
이다. 단, 이 제품은 아마존에서 구매한 것이므로 약국이나 마트 등에서
는 판매하지 않는다.

＊아스파탐[감미료/합성], ＊수크랄로스[감미료/합성], ＊스테비아[감미료/천연], ＊증점다
당류[증점제/천연], ＊산미료[합성], ＊향료[합성·천연], ＊비타민B₁[영양강화제/합성], ●
비타민C[산화방지제·영양강화제/합성], ●비타민E[산화방지제/합성·천연], ●비타민A[영
양강화제/합성], ●비타민B₂[영양강화제/합성]

○ 인스턴트 커피

맛과 풍미는 별로지만……

'인스턴트 커피, 마셔도 괜찮을까?' 하고 고개를 갸웃하는 사람도 있을지 모르겠다. 그런데 첨가물은 사용되지 않는다.

인스턴트 커피는 대부분이 동결 건조 제조법을 통해 만들어진다. 커피 액을 −40℃ 정도에서 급속으로 동결시켜 진공 상태로 만든 다음 수분을 증발시키는 방식으로 거친 입자 상태를 만든다. 이 제조법은 풍미를 살릴 수 있다는 장점이 있다. 또한 스프레이 드라이 제조법으로도 만들 수 있는데, 이것은 고온의 커피 액을 분사하여 건조함으로써 가루 형태로 만든다. 대량 생산이 가능하지만, 풍미가 떨어진다는 단점이 있다.

두 제조법 모두 수분을 증발시킬 뿐 첨가물은 사용하지 않는다. 다만 맛과 풍미가 좋다고는 할 수 없다. 그래서 본연의 커피 맛을 즐기고 싶다면 원두 가루를 사용하는 편이 좋다. 참고로 카페오레를 만들 때는 인스턴트 커피를 넣으면 쉽고 간편하게 즐길 수 있다.

없음

코코아
체온이 올라가고 배변 활동도 활발해진다!

추운 겨울에 마시면 몸이 사르르 녹는 코코아. 잘 저어 녹이면 아이스로도 즐길 수 있다.

마트 등에는 분말 상태 코코아 파우더가 판매되고 있다. 대표 제품인 사진 속 '모리나가 코코아 순 코코아'(모리나가제과)의 경우, 원재료는 '코코아 파우더'뿐이며 첨가물은 사용되지 않는다.

그리고 세계적으로 유명한 '반호튼 코코아'(카타오카식품)도 마찬가지로 코코아 파우더만 사용된다.

코코아에는 리그닌이라는 식이섬유가 많이 들어 있어 배변 활동이 활발해진다는 자료가 있다. 실은 나도 코코아를 매일 마시고 있는데 배변 활동이 좋아졌음을 실감한다.

참고로 탈지분유나 크리밍 파우더 등이 들어간 밀크 코코아도 판매되고 있는데, 향료와 산도조절제, 유화제 등이 첨가된다. 나는 무조건 무첨가 순 코코아를 추천한다.

✳️향료[합성·천연], ✳️산도조절제[합성], ✳️유화제[합성·천연]

127

○ | 소스
무첨가 제품을 고르자

소스는 보존료가 사용되지 않지만 장기간 상온에 두어도 상하지 않는다. 왜 그럴까? 그 비밀은 원재료인 양조식초에 있다. 식초의 주성분은 초산인데 초산에는 세균이 증식하는 것을 막는 작용이 있다. 그리고 소스에 사용되는 소금 또한 세균 증식을 억제한다.

보존료는 다행히 첨가되지 않지만, 제품에 따라서는 진한 갈색을 내기 위해 카라멜색소를 사용하기도 한다. 게다가 걸쭉함을 더하는 증점다당류와 조미료(아미노산 등)를 첨가하는 제품도 있다. 카라멜색소는 전분이나 당료 등을 가열하여 만드는데, 그 과정에서 암모늄화합물이 변하면서 4-메틸이미다졸이라는 발암물질이 생성된다.

마트 등에서는 무첨가 소스가 많이 판매되고 있으니 그런 제품을 고르도록 하자. 참고로 사진 속 '불독 중농 소스'(불독소스)도 무첨가 제품이다.

✳카라멜색소[착색료/천연], ✳증점다당류[증점제/천연], ✳조미료(아미노산 등)[합성]

케첩
빨간색은 착색료가 아니다

토마토케첩의 원재료는 토마토, 설탕, 양조식초, 소금, 양파, 향신료 등으로 첨가물은 사용되지 않는다. 진한 빨간색을 띠고 있지만 이는 토마토에 함유된 베타카로틴과 리코펜 색소로 착색료는 첨가되지 않는다.

그리고 장기간 보존이 가능한데 보존료는 사용되지 않는다. 양조식초가 보존료 역할을 하기 때문이다. 식초의 주성분은 초산으로 세균이 증식하는 것을 억제하는 작용을 한다.

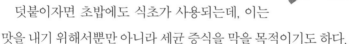

덧붙이자면 초밥에도 식초가 사용되는데, 이는 맛을 내기 위해서뿐만 아니라 세균 증식을 막을 목적이기도 하다.

단, 케첩에 들어가는 양조식초 작용이 충분하지 않은 경우가 있어서 제품에 따라서는 냉장고에 넣어도 곰팡이가 생길 수 있<u>으므</u>로 주의하자.

없음

○ 간장

대기업 제품은 안전하지만, 중소업체 제품에는 위험한 것도 있다

'킷코만 간장'에는 '탈지가공대두(대두(미국산 또는 캐나다산 5% 미만), 분리 생산 유통 관리 완료), 밀, 소금, 대두(분리 생산 유통 관리 완료)/알코올'이라고 표시되어 있다. '분리 생산 유통 관리 완료'란 유전자 변형 콩의 혼입을 막기 위해 생산에서부터 유통, 제조가공의 각 단계에서 유전자 변형 콩과 분리하여 관리된 것을 말한다. 탈지가공대두는 콩기름을 짜낸 콩이다.

그리고 밀과 소금, 마지막으로 '알코올'이 들어가는데, 알코올은 주정과 같은 것으로 에틸알코올을 말한다. 즉 음료로 판매되는 발효 알코올과 같은 물질이다. 간장은 양조 과정에서 알코올이 생성되지만, 편차가 있어 알코올을 첨가해 균일하게 만든다. 또한, 알코올은 보존성을 높이는 효과도 있다.

알코올은 안전성에 문제는 없다. 대기업인 킷코만과 야마사 간장에 첨가되는 물질은 알코올뿐이다. 하지만 지방 중소업체 제품에는 보존료인 안식향산나트륨과 카라멜색소 등이 첨가되기도 하므로 주의하자.

＊안식향산나트륨[보존료/합성], ＊카라멜색소[착색료/천연], ●알코올[일반음식물첨가물]

된장
주정은 문제없다 | ○

마트 등에서 판매되는 된장에는 대개 '콩(유전자 변형 작물 아님), 쌀, 소금, 주정'이라는 표시가 있다. 유전자 변형 식품을 꺼리는 소비자가 많기 때문에 유전자 변형 작물이 아닌 콩을 사용한다. 쌀도 된장을 만들 때 필요하다. 그리고 콩만 들어간 콩된장과 보리를 사용한 보리된장도 있다.

'주정이 뭐지?'라고 생각하는 사람도 있을 것이다. 주정은 에틸알코올을 말한다. 즉 음료로 판매되는 발효알코올과 같은 것이다. 에틸알코올에는 살균 작용이 있어서 이것을 첨가하면 누룩곰팡이로 발효되어 가스가 발생하는 것을 막는다.

참고로 알코올을 사용하지 않은 무첨가 된장도 판매되고 있다. 이러한 제품은 알코올에 과민하게 반응하는 사람도 안심하고 먹을 수 있다.

개중에는 비타민B$_2$가 첨가된 제품도 있다. 선명한 황색으로 보이기 위함이다. 안전한 물질이긴 하나, 이왕이면 이러한 첨가물이 들지 않은 제품을 고르자.

●주정[일반음식물첨가물], ●비타민B$_2$[착색료/합성]

○ | 말린 멸치
대기업 제품은 문제없다

'된장국 국물에 말린 멸치를 사용한다', 혹은 '작은 말린 멸치를 통째로 먹는다'는 사람도 있을 것이다.

말린 멸치는 멸치 등을 삶아 말린 것이다. 하지만 산화하여 변질되기 쉽다는 문제가 있다. 특히 지방 중 불포화지방산이 산화하면 인체에 해로운 과산화지질이 생성된다.

그래서 산화를 방지하기 위해 산화방지제가 사용된다. 야마키나 마루토모 같은 대기업에서는 산화방지제로 비타민E를 첨가한다. 비타민E는 식물성 기름과 밀배아에 많이 들어 있는 영양 성분이다. 제품에는 화학적으로 합성된 비타민E와 콩, 해바라기 등에서 추출된 물질을 사용하기도 한다. 모두 안전성에 문제는 없다.

단, 지방의 중소업체에서는 BHA(부틸하이드록시아니솔)를 사용하기도 한다. BHA는 동물 실험에서 발암성이 인정되었기 때문에 위험하다.

＊BHA(부틸하이드록시아니솔)[산화방지제/합성], ●비타민E[산화방지제/합성·천연]

꿀
'순수' 표시 제품을 고집하자

특유의 단맛과 향이 있어 꿀을 요리에 사용하는 집도 많을 것이다.

하지만 꿀은 부정행위가 발생하기 쉬운 식품 중 하나라서 법률에 근거한 공정경쟁규약에 따라 표시가 제한되고 있다. 제품에 '순수', '천연', '생(生)', '완숙', '퓨어', '내추럴', 'Pure', 'Natural'이나 이와 유사한 의미를 표시하는 경우에는 '순수' 또는 'Pure'만을 사용하도록 규정하고 있다. 다시 말해 '천연'이나 '생(生)' 등은 사용할 수 없다.

'순수'와 'Pure'는 꿀 이외의 물질이 혼입되지 않았다는 뜻이다. 또 '국산'이라고 표시된 경우는 원료인 꿀이 국내에서 채집된 것이어야 한다.

참고로 꿀은 한 살 미만 아기에게 먹이면 영아 보툴리누스증을 유발할 위험이 있으므로 주의가 필요하다.

없음

4장 보는 방법

- 식품 표시에서 흔히 볼 수 있는 명칭(식품첨가물 및 용도명[일괄명])을 가나다 순으로 설명했다.
- 항목명은 위험도 마크, 명칭(식품첨가물의 물질명 또는 용도명[일괄명]), 용도명(명칭이 용도명[일괄명]인 것은 생략), 합성첨가물/천연첨가물, LD50 순으로 기재했다(위험도 마크가 없는 것도 일부 있다).

✳ = 먹으면 안 되는 첨가물
✳ = 먹으면 안 되거나 먹어도 되는 첨가물의 중간 첨가물
● = 먹어도 되는 첨가물

LD50 = 바로 발현되는 '급성 독성'을 나타내는 수치. 실험 동물의 절반(50%)이 죽는 투여량. 예를 들어 식염(염화나트륨)의 경우, 동물에게 체중 1kg당 3.75g(3750mg) 경구 투여하면 절반이 죽는다. 이 경우 LD50 는 3750mg/kg이 된다. LD50 수치가 500mg/kg보다 낮은 첨가물은 급성 독성이 강하다고 할 수 있다. 이 책에서는 실험에서 가장 급성 독성이 강한 수치를 기재했다.

알기 쉬운 식품첨가물 목록

✕ △ ○

4

✳ 간수 합성

간수는 한자로 '梘水'라고 쓴다. 라면 특유의 풍미와 색깔을 내기 위해 사용된다. 옛날 중국 오지의 어느 호숫물로 면을 반죽해 만들었는데, 그 독특한 풍미와 식감이 입소문을 타면서 중국 전역에 퍼졌다고 한다.

그 물은 호수의 이름을 따서 간수라고 불리게 되었고, 조사 결과 탄산나트륨과 탄산칼슘이 많이 함유된 것으로 밝혀졌다.

첨가물에서 간수는 일괄명이다. 요즘은 다음과 같은 화학물질을 결합하여 간수를 만든다.

탄산칼륨(무수)/탄산나트륨/탄산수소나트륨/피로인산사칼륨/피로인산이수소이나트륨/피로인산사나트륨/폴리인산칼륨/폴리인산나트륨/메타인산칼륨/메타인산나트륨/인산삼칼륨/인산수소이칼륨/인산이수소칼륨/인산수소이나트륨/인산이수소나트륨/인산삼나트륨

간수는 탄산나트륨, 탄산수소나트륨(중조), 인산류인 칼륨염 또는 나트륨염을 한 종류 이상 함유한다. 인산 화합물이 많아졌는데, 인산을 많이 섭취하면 칼슘이 잘 흡수되지 않아 뼈가 약해질 우려가 있다.

탄산나트륨은 인간이 다량 섭취하면 위나 장 점막이 손상된다. 라면을 먹으면 속 쓰림이 유발될 수 있는데, 이것이 원인일지도 모른다.

폴리인산나트륨의 경우, 3% 포함한 먹이를 쥐에게 24주간 먹인 실험에서 신장결석이 생겼다.

메타인산나트륨의 경우, 10% 포함된 먹이를 쥐에게 1개월 먹인 실험에서 발육 지연, 신장 무게 증가, 요세관 염증이 나타났다.

그러나 여러 종류를 첨가해도 '간수'라는 일괄명으로만 표시되기 때문에 소비자는 무엇이 들어 있는지 알기 어렵다는 문제가 있다.

감미료 합성·천연

식품에 단맛을 낸다. 사카린나트륨, 소르비톨, 아스파탐, 아세설팜칼륨, 수크랄로스 등이 대표적이다. 각 첨가물에 따라 독성은 다르다. 감미료는 첨가물의 용도명이며, 사용 첨가물은 구체적인 물질명이 표시된다.

● **감초** 감미료, 천연

콩과인 감초의 뿌리줄기에서, 열수(熱水) 또는 알칼리성 수용액에서 추출하고 정제하여 얻은 물질로 주성분은 글리시리진산이다.

감초는 한약재로도 쓰이는데, 시판 중인 감초 추출물 제제를 남성 15명과 여성 34명에게 13~142일간 복용하게 하고, 혈액 속 나트륨, 칼슘, 염소, 인, 혈액요소질소를 측정한 결과, 어떠한 영향도 미치지 않았다.

중국산 감초에서 추출한 건조추출물을 쥐에게 체중 1kg당 6g을 먹였지만, 독성은 발견되지 않았다.

✳ **강황색소** → 심황색소 참조

겔화제 → 호료 참조

결착제 → 인산염 참조

✳ **고미료** 천연

식품에 독특한 쓴맛을 내기 위해 첨가된다. 커피나 녹차 등에 들어 있는 카페인, 카카오에 들어 있는 테오브로민 등이 대표적이다.

고미료는 첨가물의 일괄명이다. 첨가물로 사용되는 물질은 화학 합성물이 아닌 천연첨가물뿐이며, 여기에는 다음과 같은 종류가 있다.

아이소알파고미산/카페인/키나추출물/황벽나무추출물/겐티아나추출물/향신료추출물/효소처리나린진/자메이카콰시아추출물/테오브로민/나린진/약쑥추출물/영지버섯추출물

많이 사용되는 것은 아무래도 '카페인'으로 콜라나 영양 음료 등에 첨가된다. 카페인은 커피나 홍차, 녹차 등에 많이 들어 있는데, 아이가 섭취하면 밤에 잠을 자지 않거나 흥분 상태가 되기 쉬우므로 주의가 필요하다(카페인 참조).

고미료는 일괄명 표시가 인정되어 '고미료'라고 표시하면 되는데, 제조사들도 카페인에 문제가 있다고 생각하는지 콜라나 영양 음료에는 '카페인'으로 표시하고 있다.

고미료 중에 그 밖에 문제가 되는 물질은 자메이카콰시아추출물이다. 이것은 소태나무과 자메이카콰시아 가지와 껍질에서 추출된 것인데, 0.5% 함유된 먹이를 쥐에게 90일간 먹인 실험에서 간 장애 시 상승하는 γ-GTP가 증가했다.

● **고추색소** → 파프리카색소 참조

곰팡이방지제 합성

감귤류나 바나나에 곰팡이가 생기거나 부패하는 것을 막으며, 모두 독성이 강하다. 곰팡이방지제는 첨가물의 용도명이며, 사용된 첨가물은 구체적인 물질명이 표시된다.

✳ **과산화수소** 표백제, 합성

1980년 1월의 일이다. 당시 후생노동성은 '과산화수소에서 발암성이 확인되었으니 식품에 가능한 한 사용하지 말라'고 식품업계에 통지했다. 후

생노동성 조성금에 따른 동물 실험에서 발암성이 인정되었기 때문이다. 실험 결과, 과산화수소를 0.1% 및 0.4% 농도로 희석한 물을 쥐에게 74일간 먹이자 십이지장에 암이 발생했다.

그 당시 과산화수소는 청어알과 어묵, 삶은 면류의 표백·살균에 사용되었기 때문에 업계는 매우 혼란스러워했다. 일부 식품업자들은 일본 정부에 통지로 인한 피해 보상을 요구했다.

이에 후생노동성은 당황하며 내부적으로 규제를 완화하여 '과산화수소를 사용해도 되지만, 제품에 잔류하지 않게 하라'는 의견을 내놓았다.

하지만 당시만 해도 과산화수소가 식품에 남아 있는지 조사할 수 있을 정도로 기술이 확립되지 않았기에 잔류 정도를 알아내기가 쉽지 않았다. 결국, 과산화수소 잔류를 확인할 수 없다고 알려지면서 사실상 사용이 금지되었다.

이 일로 가장 피해를 본 건 청어알 업자였다. 어묵과 삶은 면은 다른 첨가물로 대체되었지만, 다른 첨가물로는 청어알을 깨끗이 표백하기 어려웠다. 그만큼 과산화수소의 표백 작용이 강력했다. 그래서 청어알에서 과산화수소를 제거하는 연구가 대대적으로 행해졌고, 마침내 다음 해에 방법을 찾았다. 바로 카탈라아제라는 효소로 과산화수소를 분해하는 것이었다.

이에 후생노동성은 최종 식품이 완성되기 전에 분해하거나 제거하는 조건으로 과산화수소 사용을 허용했다.

현재 유통되는 대부분의 청어알은 과산화수소 표백과 카탈라아제로 하는 제거 과정을 거친 것이다. 간장에 절인 제품 중에는 표백되지 않은 것도 있지만 선명한 연노랑, 즉 '황금빛'을 띠는 청어알은 표백된 제품이다.

여기서 신경 쓰이는 것은 정말 과산화수소가 깨끗이 제거되었느냐는 점이다. 조금 오래된 이야기지만, 1995년에 도쿄도와 지바현에서 구입한 청어알 4개 제품에 대해 일본 식품분석센터에서 독자적으로 조사한 결과, 2개 제품에서 미량이지만 과산화수소가 검출되었다.

과산화수소를 완전히 제거하는 일은 상당히 어렵다. 그래서 현재 판매되는 제품도 불안할 수밖에 없는 것이다.

✴ 광택제 천연

광택을 내거나 보습 또는 피막을 만드는 데 사용된다. 과즙 젤리나 초콜릿 표면에 주로 쓰인다.

광택제는 첨가물의 일괄명이다. 실제 첨가물로 사용되는 물질은 다음과 같은 천연물질뿐이다.

> 옻나무왁스/카나우바왁스/칸데리라왁스/쌀겨왁스/사탕수수왁스/셸락/셸락
> 왁스/파라핀왁스/마이크로크리스탈린왁스/밀랍/목랍/라놀린

이름에서도 알 수 있듯이 대부분이 '왁스'다. 왁스는 동식물에서 나오는 기름 형태 물질로 양초의 원료로 쓰인다. 젤리 표면에 반들거리는 광택을 내기 위해 사용된다.

옻나무왁스는 옻나무 열매에서 추출한 물질이므로 옻나무에 알레르기가 있는 사람은 주의가 필요하다. 하지만 여러 종류를 첨가해도 일괄명인 '광택제'라고만 표시되기 때문에 소비자는 무엇이 사용되었는지 알기 어렵다.

✴ 구아검 증점제, 천연

드레싱, 케첩, 곤약, 식품 가공품, 빙과, 화과자 등에 사용된다. 콩과 식물인 구아의 씨앗에서 얻은 물질, 또는 이것을 뜨거운 물로 추출해서 얻은 '증점다당류'의 일종이다.

구아검이 함유된 다이어트약을 먹고 식도가 폐쇄된 사례가 몇 건이나 보고되었다.

또한, 카펫 공장 직원들이 구아검 때문에 천식을 일으켰다는 보고도 있다.

쥐에게 구아검을 1~15% 포함한 먹이를 91주간 먹인 실험에서는 체중과 신장의 무게, 혈당 수치가 약간 감소했다. 그리고 임신한 쥐에게 체중 1kg 당 0.8g을 먹인 실험에서는 29마리 중 8마리가 죽었다. 따라서 안전하다고 보기는 어렵다.

● **구연산** 조미료·산도조절제, 합성 `LD50` 5040mg/kg

원래 레몬이나 귤 등의 감귤류에 많이 들어 있는 산이다. 화학적으로 합성되어 사용되는 것이 조미료와 산도조절제다. 다양한 식품에 사용되고 있지만, 최근에는 편의점 도시락 재료에 보존성을 높일 목적으로 첨가된다. 안전성에는 문제가 없다.

● **구연산나트륨** 산미료·산도조절제·조미료, 합성

구연산에 나트륨을 결합한 물질이 구연산나트륨이다. 안전성에는 문제가 없다.
단, 나트륨을 섭취하게 되므로 그 점은 염두에 둘 필요가 있다. 구연산과 비슷한 방법으로 사용된다.

● **글루코노 델타락톤** → 두부응고제 참조

● **글리세린** 용제, 합성

지방은 지방산과 글리세린이 결합한 상태의 물질이다. 따라서 많은 식품에 글리세린이 함유되어 있다.
글리세린은 유지(油脂)로부터 정제하거나 탄수화물을 발효 및 분해하여 화학적으로 합성하는 등의 방법으로 만들어진다. 동물 실험 결과 급성 독성은 거의 발견되지 않았고, 그 유래로 보건대 안전성에도 문제가 없을

것으로 보인다.

● 글리세린지방산에스테르 유화제·껌베이스, 합성

아이스크림, 마가린, 케이크, 생크림 등에 사용된다. 지방에 가까운 물질로 식품에도 들어 있으므로 안전성에 문제는 없다. 동물 실험에서도 특별한 독성은 발견되지 않았다.

✳ 글리신 조미료, 합성

경단이나 찹쌀떡, 분말 소스, 반찬, 땅콩버터, 절임류 등에 사용된다. 글리신은 단백질을 만드는 20종류 아미노산의 일종으로 체내에서도 만들어진다.

또한, 음식에도 들어 있는데 특히 어패류에 많이 함유되어 있다. 그리고 인공적으로 합성되어 식품첨가물로도 사용된다.

아미노산 일종인 글리신은 '감칠맛'이 있어 조미료로 사용되는데, 산의 일종이라 세균 증식을 억제하는 작용도 있어서 보존 목적으로도 사용된다. 또한, 산화를 방지하고 식품 원료를 고루 섞는 역할을 한다.

아미노산 일종이므로 안전성에 전혀 문제가 없다고 말하고 싶지만, 동물 실험 결과 독성이 발견되었다.

흰색 레그혼에게 하루에 4g 이상의 글리신을 먹인 실험에서는 중독 증상이 일어나고 극심한 피로와 혼수상태에 빠져 죽는 사례도 있었다.

기니피그에게 다량의 글리신을 먹인 실험에서도 허탈 증상이나 호흡근 마비를 일으키며 죽었다. 쥐에게 글리신을 2.5% 및 5% 포함한 물을 먹인 실험에서는 낮은 비율이지만 방광에 종양이 관찰되었다. 글리신은 식품에도 함유되어 있고, 인간의 단백질을 만드는 성분인데 왜 이러한 독성을 보이는 것일까? 동물의 경우, 글리신을 잘 대사시키는 시스템이 없기 때문에 이러한 독성이 나타난다고 본다. 인간에게는 이러한 독성이 발견되지 않았다.

ㄴ, ㄷ

● **나이아신** 영양강화제·합성

시리얼이나 영양 조절 식품 등에 사용된다. 나이아신은 니코틴산과 니코틴산아미드의 총칭이다. 비타민B군 일종이며 동물성 식품과 식물성 식품에 들어 있으므로 안전성에 문제는 없다.

● **난각칼슘** 영양강화제·제조용제, 천연

난각칼슘에는 난각미소성칼슘과 난각소성칼슘이 있다. 난각미소성칼슘은 난각을 소성하지 않고 살균, 건조해 분말로 만들어 얻은 것이다. 주성분은 탄산칼슘으로 안전성에 문제는 없다. 난각소성칼슘은 난각을 소성해서 얻은 것으로 주성분은 산화칼슘이다.

산화칼슘은 생석회라고도 하며, 피부나 점막에 점착하면 염증을 일으키고, 잘못 마시면 입과 식도, 위가 헐거나 부어오르면서 통증을 느낄 수 있다. 단, 첨가물로 미량 사용되는 정도로는 별다른 영향을 미치지 않을 것으로 보인다.

참고로 '난각칼슘'으로 표시된 경우, 무엇이 사용되었는지 알 수 없다. 난각미소성칼슘과 난각소성칼슘이 모두 사용된 제품도 있다.

✳ **네오탐** 감미료, 합성

네오탐은 2007년에 사용이 승인된 첨가물이다. 합성감미료인 아스파탐을 화학 변화시켜 만든 물질로 설탕보다 7000~1만 3000배나 달다. 쥐에게 체중 1kg당 1일 0.05g 투여한 실험에서 신장의 선종(양성 종양)이 발생했다. 그러나 용량 의존성이 인정되지 않아 우연히 발생한 결과로 판단되었다.

또 쥐에게 체중 1kg당 1일 4g의 다량을 투여한 실험에서는 간세포 선종과 폐암의 발생 빈도가 증가했다. 발암성이 충분히 의심되는 결과다.

✴ 녹색3호 착색료, 합성 `LD50` 2000mg 이상/kg

종종 레스토랑 등에서 초록색 멜론 소다를 맛있게 먹는 어린이를 보곤 하는데, '괜찮을까?' 하는 불안한 마음이 든다. 아마도 녹색3호를 사용했을 것이기 때문이다. 만약 녹색3호가 아니라면 황색4호와 청색1호를 섞었을 것이다.

녹색3호는 급성 독성은 약하지만 발암성이 의심된다. 동물에게 주사한 실험에서 높은 비율로 암이 발생했기 때문이다.

녹색3호를 2% 및 3% 포함한 용액 1ml를 쥐에게 1주간 1회, 94~99주 주사한 실험에서 76% 이상을 주사하자 암이 발생했다. 그 밖에도 비슷한 실험이 진행되었는데, 마찬가지로 근육이나 복막 갈비뼈에 암이 발생하여 폐로 전이되는 경우가 있었다.

이 실험은 주사로 한 실험이기 때문에 첨가물에 대한 독성으로 받아들이기에는 무리가 있다.

하지만 그렇다고 해서 신경 쓰지 않아도 좋다는 의미는 아니다. 역시 '의심스러운 것은 먹지 않는다'는 태도를 유지하는 게 좋지 않을까.

단백가수분해물

단백가수분해물은 첨가물이 아니라 식품으로 분류된다. 대두나 밀, 생선,

고기 등에 들어 있는 단백질을 효소 또는 염산을 사용해 분해한 물질이다. 염산을 사용한 경우에는 알칼리성 물질로 중화한다. 단백질을 분해함으로써 감칠맛 성분인 아미노산이나 아미노산이 여러 개 연결된 물질(펩티드)이 생기는데 이것을 조미료로 이용한다.

단백질을 분해하여 생긴 아미노산이 주성분이기 때문에 그만큼 안전성에는 문제가 없다고 볼 수 있다. 단, 염산을 사용해 분해한 경우, 염산화합물이 생길 가능성이 있어 이 점이 문제로 지적된다.

그러나 우리 인간은 매일 많은 양의 단백질을 섭취하고 위액에 들어 있는 염산이 그것을 분해하여 염소 화합물을 만들어내지만, 딱히 문제가 되진 않는다. 따라서 단백가수분해 속에 염소화합물이 다소 들어 있다고 해도 문제는 없을 것으로 보인다.

● 대두다당류 증점제, 일반음식물첨가물

대두에서 얻은 다당류다. 점성이나 걸쭉함을 주기 위해 사용되며, 안전성에는 문제가 없다. 단, 대두 알레르기가 있는 사람은 주의가 필요하다.

● 두부응고제 합성·천연

두부는 콩을 삶아 짜낸 콩물에 간수를 넣어 응고시켜 만든다. 요즘은 화학 합성된 첨가물이 간수로 쓰이며 이것을 두부응고제라고 하는데, 여기에는 염화칼슘, 염화마그네슘, 글루코노델타락톤, 황산칼슘, 황산마그네슘의 5품목이 있다.

염화칼슘과 염화마그네슘은 원래 해수에 들어 있는 성분으로 문제 될 건 없다. 황산칼슘도 해수나 암염, 석고에 원래 들어 있는 성분이다. 황산마그네슘은 해수나 광천에 들어 있는 성분으로 모두 안전성에 문제는 없다. 글루코노델타락톤은 연두부를 만들 때 사용된다. 이것은 젖산 발효 연구에서 발견된 물질로 지금은 화학 합성되어 쓰인다. 동물 실험에서 독성은 발견되지 않았다. 단, 분해해서 생기는 락톤에는 독성이 있다는 지적이 있어 두부응고제 중 유일하게 위험성이 있다.

그 밖에 천연첨가물인 조제해수염화마그네슘이 있다. 이것은 해수에서 염화나트륨을 분리한 액체를 냉각하고 염화칼륨 등을 분리해서 얻은 물질로 주성분은 염화마그네슘이다. 따라서 안전성에는 문제가 없다고 본다.

두부응고제는 일괄명 표시가 인정되었으나, 제조사는 '염화마그네슘', '염화칼슘' 등의 물질명을 표시하고 있다. 마그네슘이나 칼슘을 섭취할 수 있으니 표시하는 편이 플러스 요인으로 작용한다고 여겨서일 것이다.

✳ **디페닐(DP)** 곰팡이방지제, 합성 **LD50** 2400mg/kg

디페닐은 수입산 포도, 오렌지, 레몬 등에 사용되는 곰팡이방지제다. 1971년 승인되었으며, 곰팡이방지제 중에서는 가장 오래된 물질로 독성이 강하다.

쥐에게 디페닐을 0.25% 및 0.5% 포함한 먹이를 먹인 실험에서 60주 무렵부터 혈뇨가 나오기 시작해 사망하는 사례가 나왔다. 부검 결과 신장과 방광에 결석이 생겨 혈뇨를 일으켰다.

또 다른 실험에서는 적혈구인 헤모글로빈 수치가 저하하고, 요세관 위축과 확장 등 신장에 대한 악영향이 인정되었다.

인간의 신장 결석 및 방광 결석도 디페닐과 관계 있을지도 모른다.

ㄹ, ㅁ

✳ **락색소** 착색료, 천연

청량음료, 젤리, 사탕 등을 붉게 착색하기 위해 사용된다. 동남아시아에 서식하는 락크패각충의 유충이 분비하는 수지상 물질에서 물로 추출해 얻은 것이다. 락 또는 락카인산이라고도 한다.
쥐에게 락색소를 섞은 먹이를 먹인 실험에서 이하선 비대와 신장 장애가 발견되었다.

✳ **락카인산** → 락색소 참조

● **레틴** 유화제, 천연
달걀노른자 또는 유채나 콩의 씨앗에서 얻은 유지로부터 분리하여 얻은 물질로 안전성에 문제는 없다고 본다.

● **로즈마리추출물** 산화방지제, 천연
꿀풀과 로즈마리의 잎 또는 꽃에서 추출한 물질로 성분은 페놀성 디테르 페노이드다. 로즈마리의 잎은 유럽에서 향신료로 이용되며, 꽃도 식용이 가능하므로 안전성에 문제는 없다고 여겨진다.

✳ **모나스커스색소** → 홍국색소 참조

✳ **목초액** 제조용제, 천연
훈연향이라고도 하며, 햄이나 소시지 등에 훈제 비슷한 맛을 내기 위해 사용된다. 사탕수수, 대나무, 옥수수 또는 목재를 연소시켜 그때 발생한 가스 성분을 포집 또는 건조하여 얻은 물질이다.
안전성에 대한 조사가 거의 이루어지지 않아 안전성 여부는 불명확한 상태다.

✴ 메타인산나트륨 품질개량제, 합성 `LD50` 7100mg/kg

푸딩이나 아이스크림, 햄, 소시지, 어묵류 등에 사용된다.

쥐에게 메타인산나트륨을 0.02%, 2%, 10% 첨가한 먹이를 1개월간 먹인 실험에서는 10% 투여 그룹에서 죽은 개체는 없었지만, 발육 지연, 심장 중량 증가, 요세관 염증이 관찰되었다.

하지만 대량 투여 결과이므로 첨가물로 미량 사용된 경우에는 어떤 영향을 미칠지 알 수 없는 상황이다.

● 메틸셀룰로오스 호료, 합성

아이스크림, 드레싱, 빵, 마요네즈, 귤 통조림 등에 사용된다. 펄프를 수산화나트륨 용액 등으로 처리해 메틸셀룰로오스를 합성한다. 체내에서 소화되지 않고 몇 배의 수분을 흡수하기 때문에 미국에서는 다이어트를 위한 크래커나 웨하스 등에 사용된다.

독성은 거의 없다고 여겨진다. 개에게 1일당 2~100g의 메틸셀룰로오스를 1개월간 급여했는데 부작용은 보이지 않았다. 또한, 인간에게 6g의 메틸셀룰로오스를 240일간 먹게 했지만, 부작용은 발견되지 않았다.

✴ 명반 팽창제, 합성 `LD50` 5000~10000mg/kg

생와사비·생겨자, 성게알 등에 사용된다. 정식 명칭은 황산알루미늄칼륨이라고 한다. 성게알에는 보존성을 높이기 위해 사용된다. 가지 절임이나 조림류 색이 변하는 것을 방지하는 목적으로도 사용된다.

인간이 명반을 다량 섭취하면 구토나 설사, 소화관 염증을 일으킨다. 생와사비와 생겨자 등에 첨가되는 양으로 어떤 영향을 미칠지는 알 수 없지만, 가능하면 사용하지 않았으면 하는 첨가물이다.

또한, 명반에는 알루미늄이 들어 있기 때문에 많이 섭취하면 좋지 않다.

동물 실험에서 알루미늄을 다량으로 섭취하면 신경계뿐만 아니라 간이나 신장에도 악영향을 미칠 우려가 있다고 밝혀졌기 때문이다.

그 때문에 JECFA(국제식량농업기구와 세계보건기구 합동 식품첨가물 전문가위원회)는 알루미늄의 잠정적 허용량을 1주일에 체중 1kg당 2mg으로 정했다.

✳ 미립이산화규소 고결방지제, 합성

이산화규소는 유리의 한 성분으로 이것을 미립 상태로 만든 물질이 미립이산화규소이며, 미립산화규소라고도 한다. 알약 등에 고결방지제로 사용되는데, 유리의 한 성분이기 때문에 소화관에서 흡수되지 않고 그대로 배출될 것으로 본다. 그러나 지금까지 인간이 이산화규소를 직접 섭취한 적은 없기 때문에 어떤 영향을 미칠지는 알 수 없다.

ㅂ

✳ 바닐린 향료, 합성 `LD50` 1400mg/kg

바닐린은 바닐라빈의 향기 성분이다. 바닐라빈은 오래전부터 향료로 쓰인 물질이다. 바닐린은 화학적으로 합성되어 첨가물로 사용된다. 바닐린을 먹이에 0.3%, 1.0%, 5.0% 섞어 쥐에게 13주간 먹인 실험에서는 5.0% 투여 그룹에서 발육 지연 외에 간, 신장, 비장의 비대가 관찰되었다. 단, 1.0 투여 그룹에서는 약간의 부작용이 나타났으며, 0.3% 투여 그룹에서는 부작용이 전혀 보이지 않았다.

발색제 합성

고기나 어란(魚卵) 등이 거무스름해지거나 부패하는 현상을 방지하는데,

모두 독성이 강하다. 발색제는 첨가물의 용도명이며 사용 첨가물은 구체적인 물질명이 표시된다.

✳ **베이킹파우더** → 팽창제 참조

● **베타카로틴** 착색료, 합성 `LD50` 8000mg 이상/kg

베타카로틴은 당근, 고추, 귤 등에 많이 들어 있는 오렌지색 색소 성분으로 달걀노른자니 혈액, 젖 등에도 함유되어 있다. 베타카로틴이 당근에서 분리된 것은 오래전인 1831년이며, 그 후 화학적으로 합성되기 시작했다.

과즙음료, 청량음료, 아이스크림, 과자류, 치즈, 버터 등에 오렌지색으로 착색하기 위해 사용된다. 미량만 첨가해도 선명한 색을 낼 수 있다.

단, '다시마류, 고기, 어패류(고래고기 포함), 차, 김류, 콩류, 채소, 미역류에 사용해서는 안 된다'라는 조건이 붙어 있다. 신선도나 본래 색을 속일 목적으로 사용되는 것을 방지하기 위해서다.

베타카로틴은 카로틴, 카로틴색소, 카로티노이드, 카로티노이드색소, 카로텐, 카로텐색소, 케로테노이드, 카로테노이드색소 등 여러 개의 별칭이 있는데, 이중 무엇을 사용해도 무방하나, 헷갈리니까 통일해주었으면 하는 바람이다.

급성 독성은 극히 약하며 만성 독성도 인정되지 않는다. 쥐와 개에게 체중 1kg당 1일 1g의 베타카로틴을 100일간 먹인 실험에서는 아무런 독성이 발견되지 않았다.

인간에게 베타카로틴을 매일 60mg, 3개월간 먹게 한 실험에서는 1개월 후에 혈중 카로틴 양이 증가했지만, 비타민A(베타카로틴은 체내에서 비타민A로 변화한다)의 양은 변하지 않았고 비타민A 과잉증도 보이지 않았다.

✳ 변성전분 호료, 합성

과거 식품 원재료에 전분, 녹말 등으로 표시되던 물질은 실제로는 산화전분이나 초산전분 같은 변성된 전분, 즉 변성전분인 경우가 적지 않았다.

그래서 2008년 10월에 후생노동성은 일본의 행정 구역인 도도부현에 다음 11품목의 변성전분에 대해 식품첨가물로 취급할 것을 통지했다.

> 아세틸화아디프산가교전분/아세틸화산화전분/아세틸화인산가교전분/옥테닐호박산전분나트륨/초산전분/산화전분/하이드록시프로필전분/하이드록시프로필화인산가교전분/인산가교전분/인산화전분/인산모노에스테르화인산가교전분

이들 11품목은 모두 전분이 기본 물질이긴 하지만, 화학 처리되기 때문에 다른 물질로 변화한다. 그런 점에서는 원래 전분과 마찬가지로 안전하다고 단정 지을 수는 없다.

내각부의 식품안전위원회는 이 11품목에 대해서 '첨가물로 적절하게 사용될 경우 안전성에 우려가 없는 것으로 사료된다'는 의견을 내놓고 있지만, 발암성과 생식 독성에 대한 실험 자료가 없는 품목도 있기 때문에 안전성이 충분히 확인되었다고는 할 수 없는 상태다.

참고로 이 11품목에 대해서는 모두 '변성전분'이라는 간략명 표시가 허용되므로, 어떤 물질이 사용되든 '변성전분'으로 표시된다.

보존료 합성·천연

세균이나 곰팡이 등의 미생물이 번식하는 것을 억제하고 식품이 부패하는 것을 방지한다. 보존료는 첨가물의 용도명이며, 사용 첨가물은 구체적인 물질명이 표시된다.

✳ 브로민산칼륨 소맥분개량제·제조용제, 합성

빵의 원료인 소맥분에 첨가되기도 한다. 그러나 브로민산칼륨에는 발암성이 있다.

쥐에게 브로민산칼륨을 0.025% 및 0.05% 포함한 음료수를 110주간 먹인 실험에서, 신장 세포 종양과 복막중피종이라는 암이 높은 비율로 발생했다. 그리고 암 생성을 촉진하는 작용도 확인되었다.

후생노동성의 '최종 식품이 완성되기 전에 분해 또는 제거할 것'이라는 조건을 충족하면 사용할 수 있지만, 원래는 금지되어야 할 물질이다. 애초에 모든 빵 제품에 '분해 또는 제거'되었는지 제조사가 확인하는 것은 불가능하다.

브로민산칼륨은 야마사키 제빵이 2004년 6월부터 일부 식빵을 비롯해 '런치팩'에도 사용했다. 그 후 한때 사용이 중단되었지만, 다시 사용되기 시작해 '초호준'과 '모닝 스타' 등의 식빵, '런치팩'에 첨가된다.

● **비타민A** 영양강화제, 합성

인간에게 꼭 필요한 영양소이며 안전성에 문제는 없다. 단, 너무 많이 섭취하면 비타민A 과잉증(영유아에게 많이 발생하며 토유(吐乳), 설사, 경련 등의 증상을 보인다)이 나타난다.

✳ **비타민B₁** 영양강화제, 합성

비타민B_1은 티아민이라고도 하는데, 그 화학 구조가 밝혀져 화학적으로 합성되어 첨가물로 사용된다. 비타민B_1으로 사용되는 것은 티아민 그 자체가 아니라 유사물질인 티아민염산염, 티아민질산염, 티아민세틸황산염, 티아민티오시안산염, 티아민나프탈렌-1,5-디설폰산염, 티아민라우릴황산염이다.

티아민염산염은 티아민에 염산이 결합하여 만들어진다. 그리고 티아민염산염을 바탕으로 티아민질산염 등 다른 물질이 제조된다. 이러한 물질은 모두 성질과 독성이 다른 별개의 화학물질이다. 하지만 티아민 유사물질이기 때문에 첨가물 비타민B_1으로 사용하는 것이 허용되었으며, 무엇을 사용해도 '비타민B_1'이라고 표시된다.

티아민 자체는 비타민 일종으로 안전성에 문제는 없다. 그런데 티아민 유사물질은 그렇지 않다. 티아민염산염의 경우, 쥐에게 체중 1kg당 1일 2g이라는 다량을 경구 투여한 실험에서는 체중이 급격히 감소하고 4~5일 차에 5마리 중 3마리가 죽었으며, 부검 결과, 간, 비장, 신장 비대가 확인되었다.

단, 티아민염산염을 최고 0.1% 사료에 섞어 쥐에게 6개월간 먹인 실험에서는 유의미한 차이는 보이지 않았다. 이러한 실험 결과를 통해 다량의 티아민염산염을 동물에게 투여하면 악영향을 끼칠 수 있다는 사실이 밝혀졌다.

티아민라우릴황산염은 보존성을 높이는 기능이 있어 매실 절임에 많이 사용된다. 독성은 동물 실험 결과로 보아 티아민염산염과 같은 수준이라고 본다.

그리고 티아민염산염, 티아민세틸황산염의 독성도 티아민염산염과 같은 수준이다. 티아민나프탈렌-1,5-디설폰산염의 독성은 동물 실험 결과, 티아민염산염보다 조금 약하다고 추측되며, 티아민티오시안산염은 동물 실험 자료가 적어 비교가 불가능한 상황이다.

● **비타민B_2** 영양강화제·착색료, 합성

비타민B_2는 리보플라빈이라고도 한다. 원래 식품에 포함된 비타민B_2를 화학적으로 합성한 물질이기 때문에 안전성에 문제는 없다. 또한, 동물 실험에서도 독성은 발견되지 않았다.

원래는 영양강화제로 쓰이지만, 선명한 노란색을 띠고 있어 착색료로도 사용된다. 비타민 음료인 '오로나민C'(오츠카제약), '터프맨'(야쿠르트 혼샤) 등의 노란 색소가 바로 그것이다.

● **비타민C** 산화방지제·영양강화제, 합성 **LD50** 5000mg 이상/kg

비타민C는 레몬과 딸기 등에 들어 있으며, L-아스코르브산이라고도 한다. 비타민C는 천연 성분이지만, 그 화학 구조가 밝혀져 인공적으로 합성되어 영양강화제 등으로도 사용된다. 차 음료나 청량음료, 잼, 사탕, 햄, 소시지, 빵, 절임 등 많은 식품에 사용되며, 간략명은 'V·C'다.

식품은 공기에 접촉하면 산소와 결합하여(산화) 맛과 냄새, 색깔이 변하기도 한다. 비타민C에는 산화를 방지하는 기능이 있어서 '산화방지제'로 사용된다.

비타민C의 급성 독성은 매우 약하고 만성 독성도 확인되지 않았다. 성인이 하루에 1g을 3개월간 섭취해도 별다른 이상을 보이지 않았다.

단, 하루에 6g이라는 다량을 섭취하자 기분이 나빠지거나 구토나 설사 등의 증상을 보였다. 유아의 경우, 피부에 발진이 관찰되었다. 그러나 일반 식생활에서 이렇게 많은 양을 섭취할 일은 없기 때문에 염려할 필요는 없다.

비타민C가 산화방지제로 사용되었을 때는 '산화방지제(비타민C)'로 표시된다. 그런데 비타민C는 영양강화제로 사용되기도 한다. 이때는 표시가 면제되어 악용되는 사례도 있다.

차 음료를 보면 '비타민C'라는 표시는 있지만, '산화방지제'라고 적혀 있진 않다. 이는 영양강화제로 사용되었음을 의미한다. 영양강화제 표시는 기업이 자주적으로 표시하지 않아도 상관없다.

그런데 실제로는 차가 산화하여 풍미나 색이 변화하는 것을 막기 위해서 사용한 것이다. 따라서 원래는 '산화방지제(비타민C)'라고 표시해야 맞지만, 그러면 마치 첨가물을 사용한 것 같은 안 좋은 인상을 주므로 영양강화인 척 '비타민C'로만 표시하는 것이다. 그 밖에도 이와 비슷한 사례는 많다.

'비타민C'라는 표시가 있는 경우, 보통 L-아스코르브산이 사용되지만, 그밖에 L-아스코르브산스테아린산에스테르, L-아스코르브산나트륨, L-아스코르브산팔미트산에스테르, L-아스코르브산2-글루코시드, L-아스코르브산칼슘이 사용되는 경우도 있다. 이러한 물질들도 모두 '비타민C'라는 표시가 인정된다.

L-아스코르브산스테아린산에스테르는 기름에 잘 녹기 때문에 유지, 버터, 치즈 등에 사용된다. 이러한 제품에 '비타민C'라는 표시가 있다면 L-아스코르브산스테아린산에스테르일 가능성이 크다. L-아스코르브산스테아린산에스테르에도 L-아스코르브산과 마찬가지로 급성 독성은 거의 없다. 쥐에게 체중 1kg당 3g을 먹인 결과, 별다른 영향을 미치지 않았으므로 안전성에는 문제가 없는 것으로 보인다.

L-아스코르브산나트륨은 L-아스코르브산에 나트륨을 결합한 물질이다. 신맛이 적고 물에 잘 녹기 때문에 햄이나 소시지 등에 사용된다. 독성은 L-아스코르브산과 비슷한 수준이다. 나트륨이 포함되어 있어서 그 점이 다소 걱정스럽기는 하나, 미량 첨가된 정도로는 괜찮지 않을까 싶다.

L-아스코르브산팔미트산에스테르는 L-아스코르브산스테아린산에스테르와 비슷한 물질로 이 또한 안전성에 문제가 없다. L-아스코르브산2-글루코시드는 아스코르브산에 포도당이 결합한 물질이고, L-아스코르브산칼슘은 아스코르브산에 칼슘이 결합한 물질인데, 마찬가지로 모두 안전성에 문제는 없다.

● 비타민D 영양강화제, 합성

비타민D는 칼슘 흡수에 필요한 비타민으로 햇볕을 쬐면 인간과 동물 체내에서 생성된다. 이것을 화학적으로 합성한 물질이 첨가물로 사용되는데, 안전성에 문제는 없다.

● 비타민E 산화방지제, 합성·천연 [LD50] 10000mg 이상/kg

비타민E는 다양한 식물에 포함되어 있으며 특히 밀 배아에 많이 들어 있다. 화학명은 d α-토코페롤이며, 현재는 인공적으로 합성되어 의약품에도 쓰이고 있다. 첨가물로 사용하는 경우는 '산화방지 목적 외에 사용해서는 안 된다'는 조건이 있다(일부 예외 있음). 즉, 영양강화 등의 목적으로 사용해서는 안 된다는 것이다. 간략명은 'V·E'다.

기름이 포함된 식품은 산소와 결합해(산화) 변질되거나 과산화지질이라는 유해 물질이 발생할 수 있다. 오래된 기름이나 말린 생선을 먹으면 설사를 일으킬 수 있는데, 이는 과산화지질 때문이다. 비타민E는 산화를 방지하는 작용이 있으며 기름에 잘 녹는 성질이 있다. 그래서 인스턴트 라면, 컵라면, 식용유, 마가린, 버터, 스낵 과자, 냉동식품, 멸치 등의 산화 방지에 사용된다.

비타민E의 급성 독성은 극히 적어서 쥐에게 장기간 먹인 실험에서도 이상은 발견되지 않았다. 인간에게 하루에 1g씩 1개월간 먹인 실험에서도 부작용이 나타나지 않았다는 보고가 있다. 그러나 하루에 2~4g을 33일간 먹인 실험에서는 원래 근육 속에 있는 크레아틴이라는 물질이 소변에 섞여 배출되었다는 보고가 있다.

이 경우, 비타민E 투여를 중단하자 이 증상이 완전히 사라지고 심장, 콜레스테롤양, 간 기능에도 이상이 없었다고 한다.

독성이 거의 없는 비타민E도 다량으로 계속 섭취하면 다소 문제가 나타날 수 있지만, 보통은 비타민E를 많이 섭취할 일이 없기 때문에 걱정하지 않아도 좋을 듯하다.

● **비트레드** 착색료, 천연

과자류, 빙수, 빙과류 등을 붉게 착색하기 위해 사용된다. 비트에서 짜내거나 물과 에틸알코올 등으로 추출하여 얻은 색소다. '적비트', '야채색소'로 표시되는 경우도 있다.

쥐에게 체중 1kg당 5g의 비트레드를 먹인 실험에서, 죽은 개체는 없었으며 부검 결과 별다른 이상도 발견되지 않았다. 즉, 급성 독성은 거의 없다고 봐도 무방하다.

쥐에게 비트레드의 주요 색소인 베타닌을 급여하거나 피부에 주사한 결과, 암은 발생하지 않았다. 하지만 세균에 적용한 실험에서는 유전자에 약한 돌연변이가 발견되었다.

ㅅ

✳ **사카린** 감미료, 합성

사카린은 추잉껌에만 사용할 수 있는데, 실제로는 사용되지 않는 듯하다. 독성은 사카린나트륨과 비슷하다고 여겨진다.

✳ **사카린나트륨** 감미료, 합성

'사카린에 발암성이 있다'는 이야기를 들어본 적 있는가?

1973년에 미국에서 사카린나트륨에 발암성이 있다는 정보가 들어왔다. 5% 포함한 먹이를 쥐에게 2년간 먹인 실험에서 자궁과 방광에 암이 발생했기 때문이다. 그래서 당시 일본의 후생노동성은 일단 사용을 금지했다.

하지만 실험에 사용된 사카린나트륨에는 불순물이 들어 있었는데, 그것이 암을 발생시켰다는 주장이 유력해졌다. 그 때문에 후생노동성은 사용 금지를 해제하고 다시 사용을 인정했다.

그 후, 1980년에 캐나다가 발표한 실험에서는 사카린나트륨을 5% 포함한 먹이를 쥐에게 2세대에 걸쳐 먹인 결과, 2대째 수컷 45마리 중 8마리에게 방광암이 관찰되었다. 하지만 후생노동성이 사용을 금지하지 않아 현재까지도 사용되고 있다.

다이어트 감미료에는 사카린나트륨을 사용한 제품이 있다. 백화점 지하식품매장 등에서 판매되는 초밥에 사용되는 경우도 있다.

참고로 '사카린'이라고 하면 사카린나트륨을 의미한다. 사카린은 물에 잘 녹지 않기 때문에 대부분 사용되지 않는다.

✳ 사카린칼슘 감미료, 합성

사카린에 칼슘을 결합한 것이다. 화학 구조는 사카린이나 사카린나트륨과 비슷하며 독성도 사카린나트륨과 비슷할 것이다.

✳ 산도조절제 합성

산도조절제는 명칭 그대로 식품의 산도(pH), 즉 산성도와 알칼리도를 조절하는 물질로, 산도의 미묘한 차이에 따라 식품의 맛과 식감이 달라지기 때문에 중요하다.

산도조절제는 구연산이나 호박산 등 '산'이 많아서 신맛을 내는 목적으로도 쓰인다. 더불어 산미료와 마찬가지로 보존성을 높이기 위해서도 사용되는데, 최근에는 이 목적으로 사용되는 경우가 많아서 편의점 도시락이나 주먹밥, 샌드위치, 반찬 등 실로 다양한 식품에 첨가된다.

산도조절제는 첨가물의 일괄명(용도를 나타내는 총칭)이며, 실제 첨가물로 사용되는 물질은 다음과 같다.

> 아디프산/구연산/구연산삼나트륨/글루콘산/글루콘산칼륨/글루코노델타락톤/호박산/호박산일나트륨/호박산이나트륨/초산나트륨/DL-주석산/L-주석산/DL-주석산수소칼륨/L-주석산수소칼륨/DL-주석산나트륨/L-주석산나트륨/탄산칼륨(무수)/탄산수소나트륨/탄산나트륨/이산화탄소/젖산/젖산칼륨/젖산나트륨/빙초산/피로인산이수소이나트륨/푸마르산/푸마르산일나트륨/DL-사과산/DL-사과산나트륨/사과산/인산수소이칼륨/인산이수소칼륨/인산수소이나트륨/인산이수소나트륨

초산나트륨과 구연산삼나트륨은 원래 식품에 들어 있는 산에 나트륨이 결합한 것이 대부분이다. 그런 의미에서 독성은 없어 보이나, 나트륨을 함께 섭취하므로 염분을 많이 섭취하는 사람에게는 걱정되는 물질이다.

또 인산이나 인산수소이칼륨 등 인산을 포함한 물질이 많은 것도 염려된다. 인산은 다양한 식품에 들어 있어서 평소 다량의 인산을 섭취하게 된다. 첨가물을 통해 인산을 너무 많이 섭취하면 칼슘이 잘 흡수되지 않아 뼈가 약해질 우려가 있다. 최근에 여성 골다공증 환자가 증가하고 있는데, 인산을 포함한 첨가물의 지나친 섭취가 그 요인 중 하나일지도 모른다.

그러나 여러 종류를 첨가해도 '산도조절제'라는 일괄명으로만 표시되기 때문에 소비자로서는 구체적인 물질명을 알기 어렵다는 문제가 있다.

✳ 산미료 합성·천연

명칭 그대로 식품에 '산미'를 더하기 위해 첨가되는 것이 산미료다. 단, 신맛을 내는 것 외에 보존성을 높이고 산화를 방지하며 산도를 조절하는 등

의 목적으로도 사용된다.

구연산, 젖산, 사과산, 빙초산 등이 많이 사용되는데, 일괄명인 '산미료'라고만 표시되기 때문에 무엇이 사용되었는지 알 수 없다는 문제가 있다.

산미료의 대부분은 원래 식품에 들어 있는 '산'이다. 그것을 화학적으로 합성해서 첨가물로 사용한다. 그런 의미에서 보면 독성은 거의 없지만, 화학 합성된 순수한 물질을 한 번에 다량으로 섭취하면 과민증 등을 일으킬 우려가 있으므로 방심할 수 없다.

그리고 젖산나트륨처럼 산에 나트륨을 결합한 물질이 많아서 그 점도 신경 쓰인다. 일본인은 나트륨을 함유한 식품을 너무 많이 섭취하는 경향이 있는데, 이는 고혈압 등의 원인이 된다.

이러한 첨가물로 나트륨을 계속해서 섭취하면 어떤 영향이 있을지 다소 불안한 부분이 있다.

합성 산미료는 다음과 같다.

아디프산/구연산/구연산삼나트륨/글루콘산/글루콘산칼륨/글루콘산나트륨/글루코노델타락톤/호박산/호박산일나트륨/호박산이나트륨/초산나트륨/DL-주석산/L-주석산/DL-주석산나트륨/이산화탄소/젖산/젖산나트륨/빙초산/푸마르산/푸마르산일나트륨/DL-사과산/DL-사과산나트륨/사과산

그 밖에 산미료에는 피드산이라는 천연물질이 1품목 있다. 피드산은 쌀겨 또는 옥수수 씨에서 추출한 것이다.

산화방지제 합성

식품이 산화하여 맛이나 색, 향이 변하는 현상을 막는다. 안전성이 높은 비타민C나 비타민E가 사용되는 경우가 많다. 첨가물에 따라 독성은 다르다. 산화방지제는 첨가물 용도명으로, 사용 첨가물은 구체적인 물질명이 표시된다.

● **셀룰로오스** 증점제, 일반음식물첨가물

셀룰로오스는 식물 세포벽을 구성하는 성분으로 수많은 포도당(글루코오스)이 사슬 모양으로 결합한 것이다.

첨가물인 셀룰로오스에는 해초셀룰로오스(해초를 건조한 뒤 분쇄하여 얻은 것), 고구마셀룰로오스(고구마 뿌리줄기에서 얻은 것), 옥수수셀룰로오스(옥수수 종피에서 얻은 것) 등이 있다. 안전성에 문제는 없다.

● **소르비톨** 감미료, 합성 **LD50** 15900mg/kg

소르비톨은 솔비톨이라고도 한다. 아마낫토와 과자류, 주스, 유산균 음료, 팥소류, 소스, 절임류, 조림류 등 많은 식품에 사용된다. 소르비톨은 원래 식물에 들어 있는 단맛 성분으로, 특히 과실이나 해초 등에 많이 들어 있다. 요즘은 전분, 맥아당, 포도당 등으로 만든다. 단맛은 설탕의 60% 정도로 달지 않지만, 칼로리가 낮아 많은 음식에 쓰인다.

원래 과일 등에 들어 있는 성분이므로 독성이 약하고 급성 독성은 거의 없다. 소르비톨을 10% 및 15%라는 높은 비율로 먹이에 섞어 쥐에게 먹여 4세대에 걸쳐 조사한 실험에서는 별다른 이상이 발견되지 않았다.

사람에게 먹인 실험 결과도 있다. 식사와 함께 소르비톨을 1일 40g 장기간 섭취해도 이상은 보이지 않았다. 단, 1일 50g 이상을 섭취하면, 장에서 흡수되기 어려워 설사를 일으키는 경우가 있다. 그러나 보통의 식품으로는 다량으로 섭취할 일이 없기 때문에 문제는 없을 것으로 보인다.

✳ **소르빈산** 보존료, 합성 **LD50** 7400mg/kg

햄, 소시지, 절임류, 훈제 오징어, 오징어 진미채, 잼, 캐비어, 팥소류 등의 식품에 쉽게 상하지 않도록 사용된다. 특히 곰팡이 발생을 억제하는 작용이 있다.

쥐에게 체중 1kg당 소르빈산 0.04g을 17개월간 매일 급여한 실험에서는 체중이 증가하고 간과 신장, 정소 크기가 감소했다. 인간도 식품을 통해 소르빈산을 계속해서 섭취하면 같은 영향을 받을 가능성이 있다.

소르빈산을 땅콩기름 또는 물에 녹여서 쥐 피부에 주사한 실험에서는 주사한 부위에 암이 발생했다. 입으로 먹인 실험은 없기에 발암성이 있다고 할 수는 없지만, 몹시 우려되는 자료다.

✳ 소르빈산칼륨 보존료, 합성 `LD50` 4200mg/kg

소르빈산에 칼륨을 결합한 것이 소르빈산칼륨이다. 소르빈산보다 물에 더 잘 녹기 때문에 즙이 많은 절임류나 시럽, 잼, 와인, 조림, 치즈, 햄, 소시지 등 많은 식품에 부패를 방지할 목적으로 사용된다.

쥐에게 소르빈산칼륨을 5% 포함한 먹이를 3개월간 먹인 실험에서는 체중이 감소했다. 이는 식욕이 저하하고 소화관 기능이 떨어졌기 때문일 것이다.

소르빈산칼륨에는 동물 세포 염색체를 절단하거나 세균의 유전자 복구를 방해하는 작용이 있다. 이는 인간 세포 유전자를 돌연변이로 만들어 세포를 암화시킬 가능성이 있다는 말이다.

● 솔비톨 → 소르비톨 참조

✳ 수산화칼슘 제조용제, 합성 `LD50` 7300mg/kg

곤약을 응고시키기 위해 사용된다. 시판되는 대부분의 곤약이나 실곤약에 쓰이는 듯하다. 토끼 눈에 수산화칼슘을 점안한 실험에서 점막에 강한 자극이 관찰되어 회복이 거의 불가능했다.

그 밖에 세계보건기구가 주도하는 국제 화학물질 안전성 계획이 작성한 국제 화학물질 안전성 카드에는 경구 섭취할 경우, '작열감, 복통, 위경련, 구토를 일으킬 수 있다'라고 되어 있다.

✳ **수크랄로스** 감미료, 합성 〔LD50〕 10000mg 이상/kg

수크랄로스는 1999년에 승인된 새로운 첨가물이다. 설탕보다 600배는 달기 때문에 청량음료, 드레싱, 디저트 등에 다이어트 감미료로 흔히 사용된다.

원료가 되는 자당에 있는 3개의 수산기(-OH)를 염소(Cl)로 치환하여 만든다. 자당은 유기화합물로 여기에 염소가 결합하므로 수크랄로스는 유기염소화합물이 된다.

유기염소화합물은 자연계에는 거의 존재하지 않는다. 화학적으로 합성된 물질은 여러 가지가 있는데, 잘 알려진 것은 농약인 DDT와 환경호르몬(내분비 교란 화학물질)인 PCB(폴리염화페닐), 그리고 맹독인 다이옥신 등 모두 위험한 물질뿐이다.

물론 수크랄로스가 모두 위험하다고 할 수는 없다. 하지만 자연계에 존재하지 않고, 개중에는 독성이 굉장히 강한 화학 합성 물질이 있어서 과연 첨가물로 인정해도 되는지 의문이다.

수크랄로스의 급성 독성은 약하지만, 5% 포함한 먹이를 쥐에게 4주간 먹인 실험에서는 비장과 흉선 림프조직에 위축이 관찰되었다. 또한, 임신한 토끼에게 체중 1kg당 0.7g의 수크랄로스를 강제로 먹인 실험에서는 어미 토끼가 설사를 일으키며 체중 감소를 보였고, 일부는 죽거나 유산했다.

그 밖에도 동물 실험이 다양하게 행해졌지만 큰 '문제가 없다'는 이유로 사용이 승인되었다. 하지만 화학 구조나 앞서 제시한 실험 결과를 보면, 과연 인간에게 사용해도 괜찮은지 불안을 감출 수 없다.

수크랄로스는 잘 분해되지 않는 화학물질로 인체에 흡수되면 온몸에 퍼져 호르몬이나 면역 체계를 교란할 염려가 있다. 일본에서 사용이 승인된 지 20년 정도 되었지만, 나중에 독성을 시사하는 연구 자료가 발표될 가능성도 있다. 이러한 화학물질은 섭취하지 않는 편이 좋다.

✱ 스테비아 감미료, 천연 **LD50** 8200mg 이상/kg(스테비오사이드로 투여)

남미가 원산지인 국화과의 스테비아잎에서 열수로 추출하고 정제하여 얻은 단맛 성분이다. 주요성분은 스테비오사이드와 레바우디오사이드다.

스테비아 잎은 불임·피임 작용이 있다고 알려져 있다. 스테비아 잎과 줄기에서 열수로 추출한 것을 시료로 쥐에게 18일간 투여한 실험에서는 임신율이 21~28%로 떨어지고, 50~60일간의 회복 기간을 가진 뒤에도 36~48%밖에 되지 않았다.

단, 이것은 오래된 실험으로 그 후 임신 가능한 쥐에게 이전 실험의 20~30배 농도가 높은 스테비아 추출물을 교배 기간을 포함해 18일간 음료수로 자유롭게 급여한 실험에서는 출산율이 83.3%로 높았으며, 태어난 새끼의 숫자도 대조군과 다르지 않았다. 따라서 불임·피임 작용은 부정되는 경향이 있다.

하지만 1999년, EU 위원회는 스테비아가 체내에서 대사하여 생기는 물질(스테비올)이 수컷 동물의 정소에 악영향을 미치고 번식 독성이 인정되었다는 이유로 사용을 승인할 수 없다는 결론을 내렸다(단, 안전성에 대해 재검토가 이루어져 EU 위원회는 2011년 12월부터 체중 1kg당 4mg 이하로 제한한다는 조건을 붙여 사용을 승인했다).

✱ 실리콘수지 소포제, 합성

단순히 실리콘이라고도 한다. 규소(실리콘)를 골격으로 하여 화학적으로 제조된 합성수지 일종으로 도료나 왁스, 코팅제, 오일, 고무, 샴푸, 화장품

이외에 유방 확대 수술에도 사용된다.

단, 독성이 거의 없고 쥐에게 실리콘수지를 3% 포함한 먹이를 2년간 급여한 실험 결과, 성장, 사망률, 혈액, 장기 중량, 지방간, 현미경 검사 등에서 이상이 발견되지 않았다. 개와 토끼에게 실리콘수지를 투여한 실험에서도 독성이나 이상은 확인되지 않았다.

그리고 피부에 대한 자극성은 없지만, 실리콘수지를 눈에 넣었을 때 수시간 후 일과성 결막염이 발생했다.

✳ **심황색소** 착색료, 천연 `LD50` 2000mg/kg

심황색소는 생강과 건조한 심황의 뿌리줄기에서 데운 에틸알코올 또는 유지나 용제로 추출하여 얻은 것이다. 강황색소 또는 커큐민이라고도 한다.

심황은 아시다시피 카레 가루의 원료가 되는 식품이다. 최근에는 간 등의 기능을 증가시킨다고 해서 그 가루가 건강식품으로도 팔리고 있다. 그래서 '안전성에 문제는 없다'고 말하고 싶지만, 심황에서 특정 색소 성분을 추출한 심황색소의 경우, 동물에게 급여한 결과 급성 독성이 발견되었다. 쥐에게 체중 1kg당 심황색소 2g을 먹이자 그 절반이 죽었다.

또 심황색소를 0.1%, 0.5%, 1.0%, 2.5%, 5.0% 함유한 먹이를 쥐에게 13주간 먹인 실험에서는 간의 중량이 증가했으며, 고농도 투여 그룹에서는 폐중증, 흉선 및 신장의 중량이 감소했다. 또 쥐에서는 간의 무게가 증가했을 뿐 아니라 암컷은 심장과 폐의 중량이 감소했다.

이러한 결과는 심황색소가 간과 다른 장기들에 영향을 미친다는 사실을 알려준다. 따라서 심황색소를 안전하다고 단정할 수는 없다. 단, 심황은 앞서 기술한 바와 같이 카레 가루의 원료로 널리 쓰이고 있다. 따라서 대량으로 날마다 섭취하지만 않는다면 별문제는 없을 것이다.

✴ 아라비아검 증점제, 천연 `LD50` 8000mg/kg

음료, 빙과·냉과(젤리, 아이스크림, 샤베트 등), 조미료 등에 사용된다. 콩과 아라비아고무나무 또는 같은 종류의 식물 분비액을 건조한 '증점다당류'의 일종이다. 급성 독성은 극히 약하지만, 염려스러운 실험 자료가 있다. 임신한 토끼에게 체중 1kg당 0.8g의 아라비아검을 먹인 실험에서 거의 모든 토끼가 식욕부진, 출혈성 설사, ㅁ실금을 보이며 죽었다.

인간이 아라비아검을 흡입하면 천식이나 비염을 일으킨다고 알려져 있다. 또한, 아라비아검이 첨가된 알약을 먹고 발열, 관절염, 발진 등을 일으킨 사람도 있다. 따라서 알레르기가 있는 사람은 주의가 필요하다.

● 아르지닌 영양강화제, 천연

아르지닌은 아미노산 일종으로 단백질을 분해하거나 당질을 발효시켜 얻는다. 아미노산은 체내에서 단백질을 구성하는 물질로 안전성에 문제는 없다. 아르지닌은 에너지 드링크에 '파워의 근원'으로 첨가된다. 그러나 아르지닌을 점적 투여하면 면역력이 향상한다고 시사된 바 있지만, 식품에 첨가된 양으로 신체 에너지가 상승한다는 자료는 없다.

✴ 아세설팜칼륨 감미료, 합성 `LD50` 2243mg/kg

2000년에 승인된 새로운 첨가물이다. 청량음료나 캔커피, 무알코올 맥주, 과자류 등에 사용되며, 설탕보다 약 200배 달다.

쥐에게 체중 1kg당 6g이라는 다량의 아세설팜칼륨을 먹인 실험에서 경련이 관찰되고, 일부 사망한 개체에서 위 점막 및 소장의 충혈, 폐울혈이 발생했다. 개에게 0.3%, 1%, 3% 포함한 먹이를 2년간 먹인 실험에서는 0.3% 그룹에서 림프구가 감소하고, 3% 그룹에서 간 장애 시 나타나는 GPT 수치 증가와 림프구 감소가 관찰되었다. 이처럼 새로운 첨가물은 되도록 섭취하지 않는 편이 무난하다.

✳ **아스파탐** 감미료, 합성 `LD50` 3000mg 이상/kg

안전성 논란이 끊이지 않는 첨가물이다.

아스파탐은 아스파라긴산과 페닐알라닌이라는 두 종류의 아미노산과 독극물에 버금가는 메틸알코올을 결합해 만든 물질이다. 1965년 미국의 의약품 기업인 설 앤 컴퍼니에서 개발되었다. 미국에서는 1981년에 사용이 허가되었지만, 아스파탐을 섭취한 사람에게서 두통과 현기증, 불면, 시력·미각 장애 등이 발생했다는 보고가 잇따라 제기되었다.

일본에서는 일찍이 아지노모토 주식회사가 수출용으로 아스파탐을 제조하기 시작했고, 1983년에 국내에서 사용 승인을 받았다. 이로 인해 청량음료나 다이어트 감미료, 껌, 유산균 음료 등에 쓰이게 되었다.

아스파탐은 아미노산인 페닐알라닌을 함유하기 때문에 페닐케톤뇨증(페닐알라닌을 대사하지 못하는 체질)을 진단받은 신생아가 섭취하면 뇌 장애를 일으킬 수 있다. 그 때문에 '아스파탐·L-페닐알라닌화합물'이라는 표시를 통해 주의를 촉구하고 있다.

미국에서는 아스파탐과 뇌종양과의 관계가 끊임없이 문제시되고 있으며, 1990년대 후반에는 다수 연구자에게 아스파탐이 뇌종양을 일으킬 수 있다고 지적되었다.

또 2005년 이탈리아의 실험에서는 농도가 다른 아스파탐을 쥐에게 계속해서 급여하자 백혈병과 림프종이 발생했으며, 투여량이 많을수록 발생률도 높아진다는 결론에 이르렀다.

인간이 식품을 통해 섭취하는 양에서도 이상이 관찰되었다. '의심스러운 건 먹지 않는다'는 원칙에 따라 이 첨가물은 피하는 편이 좋겠다.

☀ 아염소산나트륨 표백제, 합성 `LD50` 165mg/kg

달걀이나 감귤류의 껍질, 생식용 채소, 체리, 머위, 포도, 복숭아 등을 표백하기 위해 사용된다. 그러나 독성이 강하기 때문에 그 사용에 '최종 식품 완성 전에 분해하거나 제거할 것'이라는 조건이 붙는다.

이 조건이 붙으면 '식품에 남지 않는다'는 이유로 표시를 면제받는다. 따라서 이 물질이 사용되더라도 소비자는 알 길이 없다.

쥐에게 체중 1kg당 0.165g의 아염소산나트륨을 먹이자 절반이 죽었다. 인간의 치사 추정량은 20~30g으로 첨가물 중에서는 급성 독성이 강한 편이다.

만성 독성도 있다. 음료수에 0.01%라는 적은 농도의 아염소산나트륨을 섞어 쥐에게 30일간 먹인 실험에서는 적혈구 이상이 나타났다.

또 같은 농도의 물을 임신한 쥐에 급여한 실험에서는 태어난 새끼에게도 체중 미달이 관찰되었다. 어미 쥐의 소화관이 영향을 받아 식욕 저하로 뱃속 새끼에게도 충분한 영양이 공급되지 않았기 때문일 것이다.

게다가 세포 유전자에 돌연변이를 일으키거나 염색체를 절단하는 작용도 있다. 이러한 화학물질은 인간 유전자에도 작용하여 돌연변이를 일으키고 세포를 암화시킬 가능성이 있다.

그렇다고 반드시 암화가 일어나는 것은 아니다. 그럴 가능성이 있다는 뜻이다. 식품을 아염소산나트륨으로 표백한 후에는 물로 씻어내는 게 보통이지만, 그것이 불충분한 경우 잔류할 우려가 있다.

☀ 아족시스트로빈 곰팡이방지제, 합성 `LD50` 5000mg 이상/kg

아족시스트로빈은 원래 농약이다. 1998년에 농약으로 등록되어 지금까지도 살균제로 사용되고 있는데, 2013년에는 첨가물로도 사용이 허가되었다. 쥐 64마리에게 아족시스트로빈을 0.006%, 0.03%, 0.075%, 0.15% 포함한 먹이를 2년간 급여한 실험에서 0.15% 그룹에서는 중간에 13마리가 사망하고, 담관염과 담관벽 비후, 담관상피 과형성 등이 발견되었다. 참고로 과형성이란 조직의 구성 성분 수가 비정상적으로 증가하는 것으로, 종양성과 비종양성이 있다. 또한, 비글 4마리에게 체중 1kg당 1일 0.05g 및 0.25g을 먹인 실험에서는 기관지염과 폐렴의 발생 빈도가 증가했다.

✹ 아질산나트륨 발색제, 합성 `LD50` 77mg/kg

돼지고기나 소고기는 시간이 지나면 거무스름해져 맛이 없어 보인다. 혈액과 근육의 색소가 공기 중 산소와 결합하여 변색되기 때문이다.

그런데 아질산나트륨을 첨가하면 그것과 화학 반응을 일으켜 장기간 색이 변하지 않는다. 따라서 햄이나 베이컨, 소시지, 살라미, 소고기 육포 등에 아질산나트륨을 첨가하면 선명한 붉은빛을 유지한다. 이는 명란젓도 마찬가지다.

그러나 아질산나트륨은 독성이 강해서 지금까지의 중독 사례를 보면 인간의 추정 치사량은 0.18~2.5g이다. 자살이나 살인 등에 쓰이는 맹독인 청산가리 치사량은 0.15g이다. 즉 아질산나트륨의 최소 추정 치사량은 청산가리 치사량과 별반 차이가 없다.

물론 아질산나트륨이 첨가된 햄과 소시지 등을 먹었다고 해서 곧바로 몸 상태가 나빠지진 않는다. 첨가량이 제한되어 있기 때문이다. 그렇다고 해도 이렇게 독성이 강한 화학물질을 식품에 첨가해도 되는지는 의문이다. 그리고 아질산나트륨은 육류에 함유된 아민이라는 물질과 결합하여 나이트로소아민류라는 발암물질로 변화하는 것으로 알려져 있다. 나이트로소아민류는 매우 강한 발암성을 지닌다.

나이트로소아민류에는 여러 종류가 있는데, 대표적인 N-나이트로소디메틸아민을 음료수와 먹이에 0.0001~0.0005% 저농도로 섞어 쥐에게 장기간 급여하자 간과 신장에 암을 일으켰다. 동물에게 아질산염(아질산나트륨은 아질산염의 일종)과 아민을 투여한 실험에서는 위에서 나이트로소아민류가 생겨 암이 발생했다.

나이트로소아민류는 육류 제품에서도 발견되기 때문에 시중에서 판매되는 햄이나 베이컨 등에 미량이라도 나이트로소아민류가 생길 가능성이 있다.

✴ **아황산나트륨** 표백제, 합성 `LD50` 600~700mg/kg(이산화황으로 환산)

박고지, 달콤한 낫토, 콩자반, 건조 과실(말린 살구 등), 새우, 캔디드 체리(버찌 설탕 절임), 와인, 곤약 가루 등에 사용되며, 표백 외에 보존 목적으로도 첨가된다. 또 와인 등에는 산화방지제로 사용되어 '아황산염'으로 표시된다. 아황산나트륨은 독성이 강해서 인간의 경우 4g을 섭취하면 중증 독성이 나타나고, 5.8g을 섭취하면 위장에 극심한 자극을 준다. 나는 아황산나트륨이 사용된 말린 살구를 먹으면 위가 욱신거린다. 아마 나 같은 증상을 보이는 사람이 있을 것이다.

게다가 아황산나트륨은 신경에도 영향을 미치는데, 쥐에게 아황산나트륨 0.1%를 먹이에 섞어 급여한 실험에서는 신경염과 골수 위축이 발견되었다. 토끼를 대상으로 한 실험에서는 위에 출혈이 보였다. 아황산나트륨은 위에 상당한 악영향을 미치는 듯하다.

✴ **아황산염** → 아황산나트륨, 차아황산나트륨, 이산화황, 피로아황산칼륨, 피로아황산나트륨 참조

● **안나토색소** 착색료, 천연

베니노키과 베니노키 종자에서 데운 유지로 추출하거나, 용제로 추출한 후 용제를 제거하여 얻은 붉은 색소로, 카로티노이드라고도 한다. 유제품, 구운 과자, 생선 가공식품 등에 사용된다.

쥐에게 체중 1kg당 안나토색소를 5g 먹인 결과, 죽은 사례는 없고 부검에서도 이상이 발견되지 않은 점으로 보아 급성 독성은 극히 약하다고 할 수 있다. 동물 실험에서 독성은 거의 확인되지 않았다.

✳ **안식향산** 보존료, 합성 `LD50` 1460mg/kg

캐비어, 마가린, 시럽, 간장, 청량음료 등에 사용된다. 안식향산은 오래전 1608년에 처음 발견되었고, 1875년에 세균 증가를 억제한다고 밝혀졌다.

안식향산과 다음 항목인 안식향산나트륨이 함유된 먹이를 개에게 250일간 급여한 실험에서는, 급여량이 체중 1kg당 1g을 초과하자 운동 실조와 발작 같은 경련을 일으키며 사망한 사례가 있었다.

식품에 첨가되는 안식향산은 비록 소량이라도 장기간 계속 섭취하면 어떤 영향을 미칠지 모르는 물질이다. 2006년 3월, 영국에서 청량음료에 첨가된 안식향산과 비타민C가 화학 반응을 일으켜 발암물질인 벤젠이 생성된 것으로 밝혀지면서 제품이 전량 회수되는 소동이 벌어졌다.

✳ **안식향산나트륨** 보존료, 합성 `LD50` 1440mg/kg

안식향산에 나트륨을 결합한 물질이 안식향산나트륨이다. 주로 청량음료나 드링크 음료에 사용되며, 그 밖에 시럽, 간장, 과실 페이스트, 캐비어 등에 사용된다. 물에 쉽게 녹는 성질이 있다.

독성이 강해서 안식향산나트륨을 2% 및 5% 포함한 먹이를 쥐에게 먹인 실험에서는 5% 그룹에서 모두 과민 상태, 요실금, 경련 등을 일으키며 죽었다. 식품에 첨가할 때는 양이 제한되어 있어서 이런 해악은 거의 일어나지 않겠지만, 위 실험 결과처럼 위나 점막에 어떤 영향을 미치지는 않을까 염려스럽다.

● **안토시아닌** 착색료, 천연
포도 껍질, 자색 고구마, 자색 참마에서 추출된 자색 색소다. 모두 식용으로 사용되므로 안진성에 문제는 없다.

● **알긴산나트륨** 호료, 합성 **LD50** 5000mg 이상/kg
아이스크림, 잼, 소시지 등에 걸쭉한 점성을 더하거나 젤리 겔화를 위해 사용된다. 알긴산은 원래 해조 등에 함유된 점성 물질로, 여기에 나트륨을 결합한 물질이 알긴산나트륨이다.
알긴산나트륨을 8% 포함한 먹이를 쥐에게 태어나서 죽을 때까지 계속해서 급여한 실험에서는 체중, 식욕, 부검 관찰에 이상은 발견되지 않았다. 5% 및 15% 포함한 먹이를 비글에게 1년간 먹인 실험에서도 체중, 행동, 혈액, 소변, 혈당 등에 이상은 보이지 않았다.
또, 건강한 성인에게 1일 8g을 1주간 먹게 한 실험에서 독성은 전혀 관찰되지 않았다.
알긴산은 원래 식품에 들어 있는 성분이기에 나트륨을 결합해도 독성이 거의 발견되지 않은 듯하다. 단, 나트륨(소금 성분)을 섭취하게 되므로 고혈압이 있는 사람은 이를 염두에 두는 편이 좋다.

✳ **알긴산에스테르** 호료, 합성
다시마나 미역 등에 함유된 점성 물질인 알긴산과 용제인 프로필렌글리콜이 결합한 물질로, 정식 명칭은 '알긴산프로필렌글리콜'이다. 동물 실험에서 독성은 거의 확인되지 않았지만, 알레르기성 체질인 사람이 섭취하면 피부 발진을 일으킬 수 있다.

● **알코올** → 주정 참조

● **야채색소** 착색료, 천연
야채색소에는 적비트색소, 양파색소, 토마토색소, 자색고구마색소 등이 있으며, 안전성에 문제는 없다고 본다.

☀ **어드밴탐** 감미료, 합성 `LD50` 5000mg 이상/kg
어드밴탐은 2014년에 사용이 승인된 새로운 첨가물로, 설탕보다 약 1만 4000~4만 8000배 달다고 여겨진다. 동물 실험에서 아직 명확한 독성은 확인되지 않았지만, 정체불명의 새로운 첨가물이므로 섭취하지 않는 편이 현명하다.

☀ **에리소르빈산나트륨** 산화방지제, 합성 `LD50` 9400mg/kg
에리소르빈산은 비타민C(L-아스코르브산)의 이성체(같은 종류의 원자를 같은 수로 가지고 있지만 화학 구조가 다른 것)로 자당(설탕)이나 포도당에서 미생물로 인해 만들어진다. 에리소르빈산과 나트륨을 결합한 물질이 에리소르빈산나트륨으로 햄이나 소시지 등에 발색제인 아질산나트륨과 함께 사용된다.
급성 독성은 아주 약하지만, 식수에 에리소르빈산나트륨을 5% 이상 섞어 쥐에게 13주간 먹이자 죽는 개체가 발견되었다. 아마도 나트륨 영향일 것이다. 그 외에 돌연변이 유발, 염색체 이상이 인정되었다.

에리스리톨

에리스리톨은 첨가물이 아니라 식품으로 분류되는 당알코올이다. 포도
당을 원료로 하여 효모로 발효시켜 만든다. 소화기관에 흡수되지 않기 때
문에 에너지원이 되지 않아 제로칼로리라고 한다. 그러나 많이 섭취한 경
우 설사를 일으킬 수 있다. 1998년에는 아사히 음료가 판매한 청량음료
'오 플러스'가 설사를 유발할 수 있다는 이유로 전량 회수되는 사건이 있
었다. 이 제품에 에리스리톨이 다량 들어 있었기 때문이다.

✹ **에틸렌디아민사초산이나트륨** 산화방지제, 합성 **LD50** 2000~2200mg/kg

통조림이나 병에 든 식품에 사용되며, 약칭은 EDTA-나트륨이다. 독성이
강하기 때문에 '최종 식품 완성 전에 에틸렌디아민사초산칼슘이나트륨
이 되어야 한다'는 조건이 붙는다.

에틸렌디아민사초산이나트륨이 1% 포함된 먹이를 쥐에게 205일간 급여
한 실험에서는 성장 장애가 일어나고, 적혈구와 백혈구가 감소했다. 또
한, 혈액 속 칼슘이 증가하여 뼈와 치아에 이상이 나타났다.

그리고 수정란에 주사하자 부화율이 떨어지고 형태 이상을 보였다. 임신
한 쥐에게 주사한 실험에서는 뱃속 새끼가 사망한 것 외에도 발가락 수가
늘고 꼬리가 두 개로 늘어나는 등의 이상을 보였다. 주사로 한 실험이긴
하나 기형아를 유발하는 독성이 의심된다.

더불어 에틸렌디아민사초산이나트륨은 비누나 보디워시 등에 비누 찌꺼
기가 생기는 것을 방지하는 목적으로도 사용된다.

● **에틸알코올** → 주정 참조

✹ **연화제** → 추잉껌연화제 참조

● **염화마그네슘** → 두부응고제 참조

☀ **염화칼륨** 조미료, 합성 **LD50** 2600mg/kg
염화칼륨은 천연 칼리암염으로 염화나트륨, 염화마그네슘과 함께 섞여 있다. 공업적으로는 굵은 소금을 원료로 하여 생산된다. 염화나트륨(식염) 대체품으로 저염 간장이나 염분 제거 식염 등에 사용된다.
하지만 다량 섭취하면 소화기관을 자극하고, 구토, 혈압 상승, 부정맥 등을 일으킨다. 단, 염화나트륨에 가까운 물질이며, 첨가물로는 미량 사용되기에 안전성에 문제는 없어 보인다.

● **염화칼슘** 두부응고제·영양강화제, 합성 **LD50** 4000mg/kg
염화칼슘은 해수에 함유된 성분으로 두부를 응고시키기 위해 간수로 쓰이는 것 외에 영양강화제로 사용되기도 한다. 급성 독성은 약해서 안전성에 문제는 없다.

● **영양강화제** 합성·천연
강화제라고도 하며, 식품에 영향을 강화하기 위해 첨가된다. 비타민류, 아미노산, 미네랄류가 있다. 이들 모두 영양 성분이므로 안전성에 문제는 없다. 그리고 표시 면제 대상이기 때문에 사용해도 표시하지 않는다. 단, 업체가 자주적으로 표시하는 경우도 있다.

☀ **유화제** 합성·천연
유화제는 물과 기름처럼 섞이기 어려운 2종류 이상의 액체를 쉽게 섞기 위해 빵, 아이스크림, 케이크, 초콜릿, 드레싱, 마가린, 치즈 등 많은 식품에 사용된다. 또한, 케이크나 아이스크림에서는 거품을 잘 내는 역할을 하고, 빵에서는 전분 변질을 방지하는 작용도 있다.

유화제는 첨가물의 일괄명(용도를 나타내는 총칭)이다. 실제 합성첨가물로 사용되는 물질의 명칭은 다음과 같다.

글리세린지방산에스테르/자당지방산에스테르/스테아로일유산칼슘/소르비탄지방산에스테르/스테아로일유산나트륨/옥테닐호박산전분나트륨/구연산삼에틸/프로필렌글리콜지방산에스테르/폴리소르베이트20/폴리소르베이트60/폴리소르베이트65/폴리소르베이트80

앞의 5품목은 원래 식품에 들어 있거나 그와 가까운 물질이다. 독성이 강한 것은 없지만, 아이스크림 등에 사용되는 자당지방산에스테르 같은 경우는 많이 섭취하면 설사를 일으킬 염려가 있다.

옥테닐호박산전분나트륨과 구연산삼에틸은 아직 안전성이 충분히 확인되지 않았다.

프로필렌글리콜지방산에스트르는 자연계에 존재하지 않는 프로필렌글리콜이라는 화학물질과 지방산을 결합한 물질이다. 프로필렌글리콜은 순 화학물질에 비해서는 안전성이 높다고 해서 첨가물로 승인된 상태지만, 달걀에 주입한 실험에서 병아리에게 소지증을 유발했다는 염려스러운 자료가 있다. 따라서 프로필렌글리콜지방산에스테르에도 다소 불안한 면이 있다.

그리고 폴리소르베이트60과 폴리소르베이트80은 동물 실험 결과, 발암성이 의심된다고 밝혀졌다.

유화제는 일괄명 표시가 인정되기 때문에 12품목 중 몇 가지를 사용해도 '유화제'라고만 표시되므로 소비자로서는 무엇이 사용되었는지 알 수 없다는 문제가 있다.

그 밖에 유화제에는 천연첨가물인 레시틴과 식물성스테롤 등이 있는데, 이러한 물질은 안전성에 문제는 없다. 일반 식품에 사용되는 첨가물은 앞서 언급한 12품목이지만, 프로세스치즈, 치즈 음식, 프로세스치즈 가공품에는 구연산칼슘과 폴리인산나트륨 등 23품목의 합성첨가물을 사용할 수 있다.

● 이노시톨 영양강화제, 천연

사탕무 당액(糖液)에서 분리 또는 피트산(쌀겨 또는 옥수수 종자에서 추출)을 분해해서 얻는다. 그 유래로 보아 안전성에 문제는 없을 것으로 보인다.

✳ 이리 → 이리단백 참조

✳ 이리단백 보존료, 천연 **LD50** 5000mg 이상

경단 등의 전분 식품이나 반찬, 도시락, 삼각김밥, 생면류 등에 사용된다. 이리단백은 쥐노래미, 곱사연어, 홍연어, 백연어, 가다랑어, 청어 등의 정소(이리) 속의 핵산과 알칼리성 단백질을 산성 수용액으로 분해하여 중화해서 얻은 것이다. '이리'나 '프로타민'으로도 표시된다.

그러나 아무리 천연물질이라 해도 세균이 증식하는 것을 막는 작용이 있어 독성도 존재한다. 쥐에게 이리단백을 0.625%, 1.25%, 2.5%, 5% 포함한 먹이를 13주간 먹인 실험에서 백혈구 및 간 중량 감소, 간세포 위축, 혈중 효소 활성 저하가 발견되었다.

✳ 이마잘릴 곰팡이방지제, 합성 **LD50** 277~371mg/kg

이마잘릴은 수입된 자몽, 오렌지, 레몬과 같은 감귤류에 사용되는 곰팡이방지제로 1992년에 승인되었다. 그런데 그 승인 경위가 도저히 이해가 가지 않는다.

이 무렵, 수입 작물의 포스트 하비스트(Post harvest), 즉 수확한 농작물에 농약을 뿌리는 것이 문제가 되어왔다. 미국 등지에서는 저장이나 수송을 위해 포스트 하비스트를 승인했지만, 농작물에 농약이 잔류하기 쉽기에 일본은 이를 승인하지 않았다.

당시 이 문제에 맞선 시민 단체인 일본자손기금(현재의 식품과 생활의 안전기금)은 수입산 농산물의 잔류 농약을 조사해 미국에서 수입된 레몬에서 살균제인 이마잘릴을 발견했다. 미국에서는 이마잘릴이 농약으로 승인되어 수확 후 레몬에 포스드 하비스트가 사용된다.

이와 달리 일본은 이마잘릴을 농약은 물론 식품첨가물로도 승인하지 않았다. 즉 이마잘릴이 잔류한 레몬은 식품위생법에 위반되는 식품이다. 원래대로라면 이 레몬은 폐기되어야 마땅하다.

그런데 당시 후생노동성은 이마잘릴을 식품첨가물로 인정해버렸다. '어이가 없어서 말도 안 나온다'는 건 이럴 때 쓰는 말일 것이다. 국민을 위험에서 지키는 것보다 미국이 일본에 레몬을 수출하는 것이 더 중요했던 모양이다.

이마잘릴은 해외에서는 농약으로 사용될 정도로 독성이 강한 화학물질이다. 급성 독성이 강해서 쥐에게 체중 1kg당 277~371mg을 먹이자 절반이 죽었다. 인간의 추정 치사량은 20~30g이다.

또한, 이마잘릴을 0.012%, 0.024%, 0.048% 포함한 먹이를 쥐에게 장기간 먹인 실험에서는 수유기 새끼의 체중이 증가하지 않았으며, 운동 과잉과 신경 행동 독성이 인정되었다.

그 밖에 국제 화학물질 안전성 평가(IPCS, 세계보건기구 'WHO'가 주도하는 활동)가 작성한 국제 화학물질 안전성 카드(ICSC)에는 '간에 영향을 주어 기능 장애 및 조직 손상을 유발할 가능성이 있다'라고 되어 있다.

이렇게 위험한 물질이 충분한 조사도 없이 첨가물로 승인되어 현재까지도 버젓이 사용되고 있다.

☀ 이산화타이타늄 착색료, 합성

화이트 치즈, 화이트 초콜릿 등을 하얗게 착색하기 위해 사용된다. 타이타늄광석에 몇 가지 처리를 해서 생성되는 이른바 광물로, 크레파스와 도자기 유액에도 사용된다. 따라서 식품에 첨가하는 것이 적합한지 매우 의심스럽다.

공기 1m^3 중 250mg 이산화타이타늄 가루를 쥐에게 1일 6시간, 1주일에 5일, 2년간 흡입시킨 실험에서는 폐암 발생률이 증가했다. 먹이에 섞지 않고 공기와 함께 흡입시킨 실험이므로 평가하기 어렵지만, 음식에 첨가하는 물질로는 적합하지 않다. 이러한 실험 자료가 존재하는 한 사용을 중단해야 한다고 생각한다.

☀ 이산화황 표백제, 합성

박고지, 아마낫토, 콩조림, 건조 과실, 새우, 캔디드 체리, 와인, 곤약 가루 등에 사용된다. 표백과 보존 목적에서 첨가된다. 와인에 사용되는 경우도 많은데, 이런 경우 '산화방지제(아황산염)'로 표시된다.

이산화황의 기체를 무엇이라고 하는지 아는가? 바로 아황산가스다. 활화산인 미야케지마가 분화한 뒤 유독가스가 섬을 휩쓴 탓에 주민들이 그곳으로 쉽사리 돌아가지 못했는데, 그 유독가스가 아황산가스다. 아황산가스는 자동차 배기가스나 공장 매연에도 들어 있다. 이렇게 독성이 강한 화학물질을 식품에 첨가해도 되는 건지 상당히 의문스럽다.

이산화황을 100ppm(ppm은 100만분의 1을 나타내는 농도 단위) 및 450ppm 함유한 레드와인을 매일 쥐에게 장기간 먹인 실험에서 간 조직에 장애가 발생했다.

이 농도는 시판 중인 와인에 들어 있는 농도와 크게 다르지 않다. 따라서 이산화황이 첨가된 와인을 자주 마시면 간에 영향을 미칠 가능성이 크다.

✳ 이스트푸드 합성

빵은 밀가루에 물과 이스트(빵 효모)를 섞어 반죽한 후 구워내는데, 부드럽게 부풀어오르는 건 이스트가 이산화탄소를 배출하기 때문이다. 이러한 이스트의 먹이가 되는 것이 이스트푸드다.

빵을 잘 굽기 위해서는 불이나 시간 조절 등 장인적인 기술이 필요하다. 따라서 대량생산하기가 굉장히 어렵다. 그런데 이스트푸드를 이스트에 섞으면 기계로도 부드럽게 부푼 빵을 구울 수 있어 대량 생산이 가능하다.

이스트푸드는 첨가물의 일괄명(용도를 나타내는 총칭)이다. 실제로 첨가물로 사용되는 물질명은 다음과 같다.

> 염화암모늄/염화마그네슘/글루콘산칼륨/글루콘산나트륨/산화칼슘/소성칼슘/탄산암모늄/탄산칼륨(무수)/탄산칼슘/황산암모늄/황산칼슘/황산마그네슘/인산삼칼슘/제이인산암모늄/제일인산암모늄/인산수소칼슘/인산일수소마그네슘/인산이수소칼슘

이스트푸드는 이 중 5개 정도를 섞어서 만든다. 개중에는 염화암모늄이나 탄산암모늄처럼 팽창제로 쓰이는 물질도 있어서, 이스트푸드가 팽창제 역할을 한다고 볼 수도 있다.

원래 빵은 이스트의 힘으로 부풀어오르기 때문에, 팽창제를 사용한 빵이 진짜 빵이라고 할 수 있을지는 의문이다.

염화암모늄은 독성이 강해서 토끼에게 2g을 먹이자 10분 후에 죽고 말았다. 또 이스트푸드 중에는 인산을 함유한 물질이 많은데, 인산을 많이 섭취하면 칼슘이 잘 흡수되지 않아 뼈가 약해질 염려가 있다.

그러나 일괄명 표시가 승인되었기 때문에 앞의 물질 중 몇 개가 사용되더라도 '이스트푸드'라고밖에 표시되지 않아 소비자 측에서는 무엇이 사용되었는지 알기 어렵다는 문제가 있다.

이스트푸드를 사용하면 공기가 많아져 푸석푸석한 빵이 되어 빵 본연의 '촉촉함'을 잃게 된다. 나는 이런 빵을 맛있다고 느끼지 않는다.

✸ 인산염 결착제·제조용제, 합성

인산염은 햄이나 소시지를 제조할 때 고기처럼 쫀득한 결착성을 높이기 위해 결착제로 많이 사용한다. 인산염의 경우 '인산염(나트륨)', '인산염(나트륨, 칼륨)', '인산염(칼륨)'이라는 간략명으로 표시되는 경우가 많은데, 이는 다음을 의미한다.

> 인산염(나트륨)=피로인산사나트륨과 폴리인산나트륨
>
> 인산염(나트륨, 칼륨)=피로인산사나트륨과 메타인산칼륨
>
> 인산염(칼륨)=폴리인산칼륨과 메타인산칼륨
>
> 인산염(나트륨, 칼슘)=피로인산사나트륨과 피로인산이수소칼슘

이 중 인산나트륨과 인산칼륨을 쥐에게 먹인 실험에서는 신장 장애와 요세관 염증이 관찰되었다.

또한, 인산을 많이 섭취하면 칼슘 흡수를 저해해 뼈가 약해질 우려가 있다. 인산은 수많은 식품에 첨가되기 때문에 주의가 필요하다.

✸ 인산일수소칼슘 → 껌베이스 참조

● 일반음식물첨가물

식품첨가물에는 화학적으로 합성된 합성첨가물과 식물이나 해조, 세균 등에서 추출한 천연첨가물(기존첨가물)이 있으며, 그 밖에도 일반음식물

첨가물이 있다.

일반음식물첨가물은 우리가 평소에 먹는 음식을 첨가물과 비슷한 목적으로 사용하거나 식품에서 특정 성분을 추출하여 첨가물로 사용하는데, 여기에는 100품목 정도가 있다.

일반음식물첨가물은 원래 식품으로 사용되는 음식을 첨가물로 사용하므로 일단 안전성에 문제는 없다.

지정첨가물(≒합성첨가물)과 기존첨가물의 경우, 후생노동성이 승인하여 목록화한 것 이외에는 사용이 금지되어 있다.

한편, 일반음식물첨가물은 목록에 없는 것이라도 사용할 수 있다. 이 점이 큰 차이다.

ㅈ

● 자당에스테르 유화제, 합성

정확히는 자당지방산에스테르라고 한다. 아이스크림, 빵, 케이크, 마가린 등에 사용된다.

자당에 지방산(지방 성분)이 결합한 물질이므로 안전성에 문제는 없다. 단, 대량으로 섭취하면 설사를 일으킬 가능성이 있다.

● 자일리톨 감미료, 합성 LD50 12500mg/kg

껌과 과자류, 잼 등에 사용된다.

자일리톨은 원래 딸기나 자두 등에 들어 있는 당알코올이다. 1960년 무렵부터 식물에 함유된 자일로스를 원료로 하여 화학적으로 합성해 감미료로 사용하기 시작했다. 특히 껌에 '충치를 방지하는 감미료'라고 하여 활발히 사용되고 있다. 설탕과 비슷한 수준의 단맛이 있다.

비글에게 자일리톨을 2~20% 포함한 먹이를 104주간 급여한 실험에서는 10% 이상 급여한 그룹에서 간 장애 시 증가하는 GPT가 상승하고 간세포 색이 옅어졌다.

또한, 쥐에게 2%, 10%, 20% 포함한 먹이를 102~106주간 먹인 실험에서는 10% 그룹과 20% 그룹에서 체중 증가, 방광 결석 증가, 방광 세포의 변질과 비정상적인 증식이 발견되었다. 하지만 이는 상당한 양의 자일리톨을 동물에게 먹인 실험이기 때문에 인간에게 어떤 영향을 미칠지는 알 수 없다. 딸기나 자두 등에 들어 있는 단맛 성분이므로 평소 섭취하는 양으로는 별문제가 없을 것으로 보인다.

● **잔탄검** 증점제, 천연 **LD50** 1000mg 이상/kg

드레싱, 소스류, 통조림, 푸딩, 스펀지케이크 등에 사용된다. 세균인 크산토모나스·캄페스트리스 배양액에서 분리해 얻은 '증점다당류' 일종이다.

개에게 체중 1kg당 1일 0.25g 및 0.5g 잔탄검을 먹이에 섞어서 급여하자, 0.5g 그룹에서는 대변이 무르고 성장에 다소 악영향을 미쳤으며 콜레스테롤 수치가 낮아졌다.

잔탄검은 소화되기 어려워서 대변이 물러지고, 또 콜레스테롤을 흡수하여 배설한 탓에 수치가 낮아졌다고 본다.

건강한 남성 5명에게 하루에 10.4~12.9g(3회로 나누어) 잔탄검을 23일간 먹이자 혈액, 소변, 면역, 착한 콜레스테롤이라 불리는 고밀도 지단백 콜레스테롤 등에는 영향을 미치지 않았다. 그 밖에 인간이 잔탄검을 하루에 10~13g 섭취한 실험에서도 별다른 영향은 나타나지 않았다.

● **적비트** → 비트레드 참조

✳ **적색2호** 착색료, 합성 `LD50` 10000mg/kg

옛날에 빙수의 딸기 시럽 등에 사용되었다. 적색2호가 들어갔기에 그토록 새빨간 색을 띤 것이다. 그러나 1976년, 미국이 쥐를 대상으로 한 실험에서 적색2호에 발암성이 의심된다는 결과가 밝혀졌다. 그 때문에 미국에서는 사용 금지되었다. '미국이 재채기를 하면 일본은 감기에 걸린다'는 말이 있을 정도로 일본은 미국의 영향을 받기 쉬운데 이때만큼은 달랐다. 해당 실험에 결함이 있다는 이유로 적색2호의 사용을 금지하지 않은 것이다.

실험에서는 44마리 쥐에게 적색2호를 포함한 먹이를 급여하자 14마리에 암이 발생했다. 그런데 실험 중에 절반이 죽고 동물을 혼동하는 등 실수가 있었다고 한다. 일본의 후생노동성은 그것을 문제 삼았다.

하지만 미국에서는 이러한 점까지 충분히 고려하여 적색2호 사용을 금지했다. 그렇다면 일본에서도 사용을 금지해야 하지 않을까.

적색2호는 쥐의 임신율을 떨어뜨리고 사산율을 높인다는 보고도 있다.

✳ **적색3호** 착색료, 합성 `LD50` 2000mg 이상/kg

어묵류, 화과자 등에 붉은색을 입히기 위해 사용된다. 적색3호는 분홍빛이 도는 붉은색을 띠며, 단백질과 잘 어울리기 때문에 어묵 등에 자주 사용된다. 단, 적색102호에 비하면 그다지 많이 사용되지는 않는다.

급성 독성은 약하지만 만성 독성이 있다. 쥐에게 적색3호를 5~50mg, 주 2회, 6개월간 먹인 실험에서는 적혈구 수가 감소했다. 이는 빈혈 유발 가능성이 있다는 것을 의미한다. 또 갑상샘에 종양 증가가 확인된 실험 결과도 있다.

식품에 첨가되는 적색3호의 양은 동물 실험에서 먹이에 첨가되는 양에 비하면 훨씬 적지만, 적색3호처럼 자연계에 존재하지 않고 분해되지 않는 화학물질은 가능한 한 섭취하지 않는 편이 바람직하다.

※ **적색40호** 착색료, 합성 **LD50** 10000mg 이상/kg

1991년에 사용이 승인된 비교적 새로운 첨가물이다. 이전부터 미국과 캐나다 등에서는 사용되었지만, 일본에서는 승인되지 않아 적색40호를 사용한 식품은 일본에 수출할 수 없었다. 그래서 일본 정부에 압력을 넣어 허가하게 만든 것이다.

적색40호는 사탕과 추잉껌 등 소수 식품에만 사용되기 때문에 쉽게 볼 수 있는 첨가물은 아니다. 업체도 안전성에 불안을 느끼고 있는지도 모르겠다. 어쨌든 그 화학 구조가 발암성이 강하게 의심되는 '적색2호'와 매우 흡사하다.

화학물질은 세포 유전자에 달라붙어 세포 분열 시 모양이 이상한 유전자를 생성하기 때문에 세포를 암화시킨다. 그로 인해 세포는 돌연변이를 일으켜 비정상적인 세포로 변하고 이것이 암화로 이어진다. 즉 적색40호가 적색2호의 화학 구조와 비슷하다는 것은 동물에게도 암을 유발할 수 있다는 것을 의미한다.

또한, 적색 40호는 알레르기를 유발한다는 지적도 있다. 이러한 첨가물은 섭취하지 않는 것이 좋다.

※ **적색102호** 착색료, 합성 **LD50** 8000mg 이상/kg

생강 초절임이나 간장 채소 절임 등에 붉은색을 입히기 위해 사용된다. 급성 독성은 약하지만, 순 화학물질은 우리 몸에서 잘 분해되지 않기 때문에 세포와 유전자에 미치는 영향이 우려된다. 지금까지의 실험에서 암을 유발한다는 보고는 없지만, 그 화학 구조에서 발암성 의심을 지울 수 없다.

쥐에게 적색102호를 2% 포함한 먹이를 90일간 급여한 실험에서는 적혈구 수 및 헤모글로빈 수치 감소가 관찰되었다.

그리고 피부과 의사들 사이에서는 적색102호가 어린이에게 두드러기를 유발한다고 알려져 있다.

✳ 적색104호 착색료, 합성 **LD50** 2870mg/kg

어묵이나 소시지, 덴부(생선 살을 쪄서 잘게 다져 맛을 낸 식품-역주), 화과자 등에 사용되는데, 쉽게 볼 수 있는 첨가물은 아니다. 세포 유전자에 돌연변이를 일으킨다고 알려져 있다. 발암성이 의심된다는 지적도 있어서 업체에서도 그 사용을 꺼리는 것인지도 모른다. 외국에서는 거의 사용하지 않는 첨가물이다.

✳ 적색105호 착색료, 합성 **LD50** 6480mg/kg

어묵, 소시지 등에 사용되는데, 쉽게 볼 수 있는 첨가물은 아니다. 급성 독성은 약하지만 만성 독성이 인정되었다.

적색105호를 0.04% 미량 포함한 먹이를 쥐에게 20개월간 급여한 실험에서는 2개월 후 먹는 양이 줄어 성장에 문제가 생겼다. 화학 합성 물질이기 때문에 쥐도 이상한 맛을 감지하고 식욕을 잃어버린 것인지도 모른다.

또 1% 포함한 먹이를 급여한 실험에서는 갑상샘 무게가 증가하고, 간세포에 있는 효소 GOT와 GPT 수치가 눈에 띄게 상승했다. 이는 간세포가 파괴되었음을 의미한다. 간은 유해 화학물질을 분해하는 작용을 하는데, 적색105호가 부담되어 세포가 파괴되었을 가능성이 있다.

✳ 적색106호 착색료, 합성 **LD50** 20000mg 이상/kg

생강 절임이나 어육 소시지 등에 주로 사용된다. 그 밖에 벚꽃새우, 햄, 양과자 등에도 사용되는데, 분홍빛이 도는 붉은색을 띠고 있다.

동물에게 적색106호를 먹이자, 간에 적색 106호가 다량 쌓여 간에서 만들어지는 담즙산에 농축되었다. 인간이 적색106호가 든 식품을 계속 먹으면, 마찬가지로 간에 많은 양이 쌓여 간세포에 영향을 미칠 우려가 있다.

적색106호는 세균 유전자를 돌연변이로 만들거나 염색체를 절단하는 등의 작용을 한다. 이는 세포의 암화와 깊은 관계가 있다. 간에 쌓인 적색 106호가 세포에 이러한 악영향을 끼쳐 암을 유발하는 건 아닌지 염려스럽다. 외국에서는 적색106호가 거의 사용되지 않는다.

● **적양배추색소** 착색료, 일반음식물첨가물

붉은 양배추나 자색 양배추에서 추출된 붉은색 또는 자색의 색소다. 안전성에 문제는 없다.

● **젖산** 산도조절제·합성 `LD50` 3730mg/kg

청량음료, 사케, 사탕, 젤리, 아이스크림 등에 사용된다. 전분을 당화하고, 거기에 유산균을 첨가해 발효시킨 뒤 분리해서 얻으며, 화학적인 합성법으로도 만들어진다.

쥐에게 1일 체중 1kg당 1.5g의 젖산을 3개월간 먹인 실험에서는 체중이 눈에 띄게 줄고, 적혈구의 헤모글로빈이 감소했다. 젖산은 산의 일종이므로 소화관에 자극을 주어 그것에 영향을 받아 체중이 감소한 것으로 추측된다.

하지만 우리는 이미 요구르트 등으로 젖산을 많이 섭취하므로 안전성에 큰 문제는 없으리라 본다. 단, 한꺼번에 너무 많이 섭취하면 위가 자극되는 등의 문제가 생길지도 모른다.

● **젖산칼슘** 영양강화제·조미료, 합성

젖산칼슘은 젖산에 칼슘이 결합한 물질이다. 칼슘 강화 목적으로 첨가된다. 또한, 조미료로 사용되거나 과일 통조림의 과일이 뭉개지는 것을 방지하는 목적으로도 사용된다. 동물 실험에서 독성은 거의 발견되지 않았다.

제조용제 합성·천연

제품을 제조할 때 목표 식품을 효율적으로 만들기 위해 첨가된다. 예를 들어 곤약을 제조할 때 응고시킬 목적으로 사용되는 수산화칼슘이나 단백질을 분해하여 아미노산을 만들 때 사용되는 염산, 용제로 사용되는 글리세린(지방을 구성하는 성분) 등이 여기에 해당한다.

✳ **조미료** 합성·천연

식품에 '감칠맛'을 내기 위해 첨가된다. 조미료는 아미노산계, 핵산계, 유기산계, 무기염으로 분류된다.

가장 흔히 사용되는 것은 아미노산계인 L-글루탐산나트륨으로 스낵 과자, 절임류, 반찬, 도시락, 어묵류, 센베이 등 수많은 식품에 사용된다.

L-글루탐산나트륨은 원래 다시마에 들어 있는 감칠맛 성분으로 화학조미료 '아지노모토'의 주성분이다. 1908년에 다시마에서 발견된 후 화학 합성되어 지금은 발효법을 통해 제조된다.

핵산계 대표는 가다랑어 맛 성분인 5'-이노신산이나트륨이나 표고버섯에 함유된 5'-구아닐산이나트륨이다. 유기산계 대표는 조개류에 함유된 호박산나트륨이다. 무기염은 염화칼륨 등이 많이 사용된다. 조미료는 첨가물의 일괄명이다. 실제 첨가물로 사용되는 합성 물질명은 다음과 같다.

[아미노산계]

L-아스파라긴산나트륨/DL-알라닌/L-아르지닌L-글루탐산염/L-아이소류

신/글리신/글루타밀바릴글리신/L-글루탐산/L-글루탐산암모늄/L-글루탐산나트륨/L-테아닌/DL-트립토판/L-트립토판/DL-트레오닌/L-트레오닌/L-바린/L-히스티딘염산염/L-페닐알라닌/DL-메티오닌/L-메티오닌/L-리신L-아스파라긴산염/L-리신염산염/L-리신L-글루탐산염

[핵산계]

5'-이노신산이나트륨/5'-우리딜산이나트륨/5'-구아닐산이나트륨/5'-시티딜산이나트륨/5'-리보뉴클레오티드칼슘/5'-리보뉴클레오티드이나트륨

[유기산계]

구연산칼슘/구연산삼나트륨/글루콘산칼슘/글루콘산나트륨/호박산/호박산나트륨/호박산이나트륨/초산나트륨/DL-주석산수소칼륨/L-주석산수소칼륨/DL-주석산나트륨/L-주석산나트륨/젖산칼륨/젖산칼슘/젖산나트륨/푸마르산일나트륨/DL-사과산나트륨

[무기염]

염화칼륨/황산칼륨/인산삼칼륨/인산수소이칼륨/인산이수소칼륨/인산수소이나트륨/인산이수소나트륨/인산삼나트륨

예를 들어 이 중 아미노산계인 L-글루탐산나트륨이 식품에 사용되었다고 치자. 이런 경우, 표시는 '조미료(아미노산)'가 된다. 실제로는 '조미료(아미노산 등)'라고 표시되는 경우도 있는데, 이것은 '아지노모토'일 가능성이 크다. 아지노모토는 아미노산계인 L-글루탐산나트륨이 97.5%이고, 나머지는 핵산계인 5'-리보뉴클레오티드이나트륨이기 때문에 '아미노산 등'이라고 표시하는 것이다.

그 밖에 핵산계인 5'-이노신산이나트륨이 사용되는 경우는 '조미료(핵산)', 유기산계인 구연산칼슘인 경우는 '조미료(유기산)'로 표시된다.

가장 많이 사용되는 조미료는 L-글루탐산나트륨인데 지금까지의 동물실험에 따르면 별다른 독성은 발견되지 않았다. 단 인간이 한 번에 다량

섭취하면 민감한 사람은 중국 식당 증후군이라는 일종의 과민증을 일으키기도 한다.

중국 식당 증후군은 얼굴과 목, 팔에 걸쳐 저림, 작열감, 가슴 두근거림, 현기증, 나른함 등의 증상을 유발한다. 1968년에 미국 보스턴 근교의 중국집에서 L-글루탐산나트륨이 들어간 완탕 수프를 먹은 사람들에게 나타난 증상이라서 붙여진 이름이다. 몸이 L-글루탐산나트륨을 잘 처리하지 못해 일어나는 일종의 거부 반응으로 추측된다.

이러한 증상의 발현 여부는 개인차가 있어서 증상이 전혀 나타나지 않는 사람이 있는가 하면, 두드러지게 나타나는 사람도 있다. 평소 화학물질에 민감한 사람은 나타나기 쉬우므로 주의가 필요하다.

다른 조미료에서는 '중국 식당 증후군' 같은 증상이 나타난다는 보고는 없지만, 화학적으로 합성된 순도 높은 첨가물을 한꺼번에 많이 섭취하면 몸이 이를 충분히 처리하지 못해 비슷한 증상이 나타날 수 있다고 생각된다. 핵산계의 경우, 모두 원래 식품에 들어 있는 감칠맛 성분에 나트륨이나 칼슘을 결합한 물질이므로 안전성에 문제는 없다. 유기계는 식품에 함유된 산이 많고 독성이 강한 물질은 발견되지 않았다. 무기염의 경우 염화칼륨은 소금(염화나트륨)에 가까운 성분이기에 첨가물로 미량 사용되는 정도로는 문제 될 게 없어 보인다. 단, 다른 물질에는 인산염이 많기 때문에 너무 많이 섭취하면 칼슘이 잘 흡수되지 않아 뼈가 약해질 염려가 있다.

조미료는 위에서 언급한 합성 물질 외에 천연물질도 있다. 대부분 아미노산계이며 다음과 같다.

L-아스파라진/L-아스파트산/L-알라닌/L-아르지닌/염수호수저염화나트륨액/L-글루타민/L-시스틴/L-세린/조제해수염화칼륨/타우린/L-타이로신/L-히스티딘/L-하이드록시프롤린/L-프롤린/베타인/L-리신/L-로이신

이러한 물질들은 해수나 염수호의 염수를 농축시킨 것 또는 아미노산의 일종이므로 모두 독성은 없을 것으로 추측된다.

L-타이로신은 동물이나 식물의 단백질을 분해하거나 당질을 발효시킨 것을 분리하여 얻는데, 임신한 쥐에게 먹인 실험에서는 태아 독성이 발견되었다. 그리고 L-리신은 당류를 발효시킨 것에서 분리하여 얻는데, 임신한 쥐에게 10% 이하 L-리신을 먹인 실험에서 태아의 체중과 뇌중량의 뚜렷한 감소가 보고되었다.

● **조제해수염화마그네슘** 두부응고제, 천연

천연 두부응고제다. 해수에서 염화나트륨을 분리해 그 원액을 냉각시켜 석출한 염화칼륨 등을 분리한 나머지 것으로, 주성분은 염화마그네슘이며 안전성에 문제는 없다.

● **주정** 일반음식물첨가물

전분이나 당밀을 원료로 하여 효모로 발효하여 얻은 발효 알코올을 말한다. 알코올에는 살균력이 있어 보존성을 위해 사용된다.

발효 알코올은 술로 음용된다. 이처럼 일반인들이 마시거나 먹을 수 있는 식품을 보존성 향상 등 첨가물 목적으로 사용하는 경우, 이것을 '일반음식물첨가물'이라고 한다.

원래 먹을 수 있는 음식이므로 안전성에 문제는 없다. 참고로 주정은 '알코올', '에틸알코올'로 표시되기도 한다.

✳ **증점다당류** 호료, 천연

나무껍질, 해조, 콩, 세균, 효모 등에서 추출한 점성이 있는 다당류를 증점다당류라고 하며, 식품에 점성이나 걸쭉함을 주거나 겔 상태로 굳히기 위해 사용된다. 드레싱이나 샤브샤브 양념장, 수프, 과실 음료, 유음료, 소스, 젤리, 디저트 식품 등 실로 많은 식품에 사용된다.

증점다당류 종류는 다음과 같다.

흑효모배양액/아그로박테륨석시노글리칸/아마씨드검/아라비노갈락탄/아라비아검/알긴산/웰란검/엘레미수지/카시아검/가티검/커드란/카라기난/카라야검/캐롭빈검/잔탄검/키틴/키토산/구아검/구아검효소분해물/글루코사민/효모세포벽/사일리움씨드검/아르테미시아씨드검/젤란검/타마린드씨드검/타라검/덱스트란/트래거캔스검/닥풀/미소섬유상셀룰로오스/퍼셀러랜/참가사리추출물/풀루란/펙틴/매크로호몹시스검/피치레진/람산검

이들 중 1품목이 첨가되면 물질명이 표시된다. 예를 들어 아라비아검이 첨가되면 '증점안정제(아라비아검)'라고 표시된다.

그런데 아라비아검과 구아검 등 2품목 이상 첨가되면 왜인지 '증점다당류'라는 약칭 표시가 허용된다. 따라서 구체적으로 무엇이 사용되었는지 알 수 없다. 참으로 이상한 이야기지만, 이것이 현실이다.

증점다당류 중 카라기난과 트래거캔스검처럼 문제가 있는 물질이 몇 가지 있다.

그러나 '증점다당류'라는 표시로는 이와 같은 물질이 사용되어도 소비자는 알지 못한다. 모든 물질명을 제대로 표시하는 제도를 새로 마련해야 한다. 참고로 이런 문제점이 있는 증점다당류에 대해서는 따로 다루었으니 각 항목을 참조하자.

증점제 → 호료 참조

✳ **질산나트륨** 발색제, 합성

질산칼륨과 마찬가지로, 햄과 소시지, 베이컨, 살라미 등의 식품이 거무스름해지는 현상을 막기 위해 첨가된다. 발색제인 아질산나트륨과 함께 사용되는 경우가 많은데, 요즘은 잘 쓰이지 않는다.

아질산나트륨은 자연계에 있는 암석에 함유된 물질로, 일명 칠레초석이라고 한다. 순수 광물이며 인공적으로는 탄산나트륨 등에 질산을 첨가하여 만든다.

인간의 경우, 아질산나트륨을 한 번에 1g 이상 섭취하면 중독 증상을 일으킨다. 8g 이상 섭취하면 사망자가 나오기 시작한다.

물론 식품에 첨가되는 양은 제한적이기 때문에 이러한 중독을 일으킬 일은 없다. 그러나 독성이 있는 광물을 식품에 섞는 것 자체가 애초에 잘못된 일은 아닐까?

✴ **질산칼륨** 발색제, 합성 LD50 3236mg/kg

햄과 소시지, 베이컨, 살라미 등의 식품이 거무스름해지는 현상을 막기 위해 사용된다. 발색제인 아질산나트륨과 함께 사용되는 경우가 많은데, 요즘은 잘 쓰이지 않는다.

질산칼륨은 자연계에도 존재하지만 독성이 상당히 강하다. 소에게 1.5% 포함한 사료를 먹이자 독성을 일으키며 죽었다. 질산칼륨이 소의 위 안에서 독성이 강한 아질산칼륨으로 변화한 것이 원인으로 추측된다.

또한, 질산염(질산칼륨은 질산염의 한 가지)을 미량 함유한 물을 영유아가 마시고 중독을 일으킨 사례가 다수 보고되었다.

ㅊ

✴ **차아염소산나트륨** 살균료, 합성 LD50 12mg/kg

마트나 어판장 근처에 가면 대개 약 냄새가 난다. 수영장에 사용되는 소독약 같은 냄새 말이다. 이는 살균료인 차아염소산나트륨을 사용해 도마나 칼 등을 소독하기 때문이다. 이런 방법으로 소독하는 회전초밥 가게도 있다.

차아염소산나트륨은 '곰팡이 킬러'(존슨)나 '하이터'(카오)의 주성분이기도 한데, 강력한 표백 및 살균 작용이 있다. 그리고 식품첨가물 중 급성 독성이 가장 강한 물질이기도 하다.

차아염소산나트륨을 쥐에게 체중 1kg당 12mg 먹이자 절반이 죽었다. 인간의 추정 치사량은 겨우 1티스푼이다. 그야말로 독극물이 따로 없다. 그래서 곰팡이나 세균을 퇴치할 수 있는 것이다.

차아염소산나트륨을 0.25% 포함한 음료수를 쥐에게 2주간 먹인 실험에서는 체중이 눈에 띄게 감소했다. 소화관이 손상되어 소화 흡수가 잘되지 않은 것이 원인이었다. 그 밖에 차아염소산나트륨을 사용한 세탁업자에게 피부염이 나타났다는 보고도 있다.

이렇게 독성이 강한 화학물질이다 보니 원액을 그대로 사용하지는 않고 물에 희석해서 쓴다. 하지만 그렇다 해도 여전히 불안하다.

차아염소산나트륨은 식품에 잔류하지 않는다는 이유로 사용해도 표시가 면제된다. 그래서 '차아염소산나트륨'이라는 표시를 본 사람이 없으리라 생각한다.

그러나 실제로는 식품에 남는다. 2007년 여름, 나는 가까운 마트에서 오징어 주먹밥을 사와서 먹었는데 약품 같은 역겨운 맛이 났다.

그래서 마트에 전화해 물어보니 초밥을 만든 담당자가 "도마와 식칼 소독에 차아염소산나트륨을 쓰는데 그것이 오징어에 남아 있었던 모양입니다. 죄송합니다"라고 답했다.

도쿄역사 내 회전초밥집에서도 같은 일이 있었다. 참치 초밥을 먹었을 때 같은 약 냄새를 맡은 것이다.

초밥 재료 자체에 들어 있는 경우도 있다. 신주쿠구 내 고급 회전초밥집에서 전복 주먹밥을 먹었을 때, 역시 역겨운 맛이 났다. 아마도 외국산 전복(사실은 전복이 아니라 그와 비슷한 전복이었을지도 모른다)이라 장기간 보존하기 위해 전복 자체에 첨가되었던 듯하다.

꽤 오래전 일이긴 한데 가키노하즈시(감잎초밥)의 도미에도 역겨운 맛이 나서 업체에 문의하자 도미에 차아염소산나트륨을 사용했다고 인정했다.

그 밖에 레스토랑 요리에도 차아염소산나트륨이 남아 있는 경우가 있었다. 도쿄도 아라카와구의 스페인 요리점에서 빠에야를 먹을 때도 역한 냄새를 맡았다. 속에 든 홍합과 새우, 오징어 등에 사용되었던 듯하다. 고급 레스토랑에서 먹었던 새우요리도 마찬가지였다.

그리고 라면 위에 올라가는 죽순 고명인 멘마나 슈퍼에서 판매되는 해초 세트에도 차아염소산나트륨이 남아 있는 경우가 있었다. 그 해초 세트는 오이타현의 제조사가 만든 것으로, 그곳에 전화하자 '흰색 해초에 사용했다'라고 인정했다.

차아염소산나트륨이 남아 있는 식품을 먹으면 위나 장의 점막이 자극을 받는다. 남아 있는 양이 많으면 점막이 헐 수도 있다. 약 냄새나 약간 시큼한 맛이 날 때는 먹지 말자.

✳ **차아염소산수** 살균료, 합성

차아염소산수는 이 자체가 유통되는 것이 아니라 생성 장치가 유통된다. 즉 식품 가공업자 등이 생성 장치를 사용해 제조현장에서 차아염소산수를 만들어 소독이나 살균에 사용한다.

차아염소산수 사용에는 식품에 잔류하지 않도록 '최종 식품 완성 전에 제거할 것'이라는 조건이 붙어 있다. 차아염소산나트륨보다 염소 냄새가 적고 손이 덜 거칠어지며 채소 등에도 영향을 덜 미친다고 여겨진다.

식품에 잔류하지 않는다는 이유에서 표시를 면제받기 때문에 사용되어도 소비자는 알 수 없다.

✳ **차아황산나트륨** 표백제, 합성

아마낫토(콩이나 밤, 고구마 등을 설탕 시럽에 조린 뒤 슈거파우더를 묻혀 말린 일본 전통 디저트-역주), 박고지, 콩자반, 건조 과실, 새우, 캔디드 체리, 와인, 곤약 가루 등에 사용되며, 표백 및 보존 목적으로도 첨가된다.

와인에는 산화방지제로 첨가되어 '아황산염'이라고 표시된다. 이유는 알 수 없으나 독성 자료는 보이지 않는다.

단, 그 화학 구조 및 성질상, 독성에 대해서는 표백제인 피로아황산나트륨과 같은 수준이다. 피로아황산나트륨은 비타민B_1 결핍을 일으켜 성장을 방해할 우려가 있다. 따라서 차아황산나트륨에도 같은 문제가 있다고 할 수 있다.

착색료 합성·천연

식품을 선명하게 착색하기 위해 사용된다. 합성 착색료는 타르색소가 대부분이다. 최근에는 천연 색소 사용이 많아졌다. 첨가물에 따라 독성은 다르다. 착색료는 첨가물의 용도명이며 사용된 첨가물은 구체적인 물질명이 표시된다.

● **철** 영양강화제, 천연

철은 미네랄의 일종으로 적혈구의 헤모글로빈 생성에 꼭 필요한 영양소다. 한 번에 다량으로 섭취하지 않는 한 안전성에 문제는 없다.

✳ **청색1호** 착색료, 합성 `LD50` 2000mg 이상/kg

'블루하와이'라는 새파란 색의 칵테일이 있다. 색상이 아름다워서 여성들에게 인기가 있는 듯한데, 청색1호를 사용하면 이런 색을 쉽게 만들 수 있다.

청색1호는 급성 독성은 약하지만 발암성이 의심되는 물질이다. 청색1호를 2% 또는 3% 포함한 용액 1㎖를 1주일에 1회, 94~99주에 걸쳐 쥐의 피부에 주사한 실험에서 76% 이상에 섬유육종이 발생했기 때문이다.

육종이란 신체의 상피 조직 이외에 생기는 암이다. 일반 암은 장기와 상피 조직에 발생한다. 위와 폐에서도 마찬가지다. 그래서 구별하기 위해 육종이라는 용어를 사용한다.

이러한 실험 결과를 어떻게 평가할지는 상당히 어려운 문제다. 실험에서 높은 비율로 암이 발생했기에 청색1호에는 발암성이 있다고 보는 견해가 있는 한편, 이 실험은 주사로 한 것이므로 입으로 섭취하는 경우와는 다르다는 견해도 있다. 첨가물은 입으로 들어가기 때문에 주사로 한 실험 자료는 중시되지 않는 경향이 있다. 그 때문에 현재까지도 청색1호는 사용이 인정되고 있다. 하지만 그렇다고 발암성이 없다고 단정할 수는 없다. 업체들이 '의심스러운 것은 사용하지 않는다'는 태도를 취했으면 한다. 애초에 착색이라는 것 자체가 불필요하기 때문이다.

✳ **청색2호** 착색료, 합성 `LD50` 2000mg/kg

화과자, 구운 과자, 안주, 냉과 등에 다른 색소와 섞어 사용된다. 급성 독성은 약하지만 발암성이 의심된다.

청색2호를 2% 포함한 수용액을 80마리 쥐에게 1주일에 1회, 2년간 주사한 실험에서 14마리에 섬유육종이 생기고 전이 증상이 관찰되었다.

이 결과도 청색1호와 마찬가지로 평가하기 어려운 부분이 있다. 주사로 한 실험이지만 약 18%에 암이 발생하고, 심지어 전이 증상까지 보였다. 그러나 첨가물은 입으로 섭취하기 때문에 그 결과를 그대로 적용할 수는 없다.

그 밖에 청색2호를 0.5%, 1%, 2%, 5% 포함한 먹이를 쥐에게 2년간 먹인 실험에서는 2%와 5% 그룹에서 수컷의 성장에 문제가 생겼다. 이는 다량 섭취한 청색2호를 소화관이 제대로 처리하지 못하여 생긴 결과가 아닐까 싶다.

● 초산나트륨 산미료·산도조절제·조미료, 합성

초산에 나트륨을 결합한 물질이 산화나트륨이다. 산미료 또는 산도조절 제로서 양념이나 보존성을 높이기 위한 용도로 사용된다. 다양한 식품에 사용되는데, 최근 편의점 도시락 재료에 자주 사용된다.

초산에 나트륨만 결합한 물질이므로 안전성에는 문제가 없다. 단, 나트륨 섭취를 염두에 두어야 한다.

✳ 추잉껌연화제 합성

이름처럼 추잉껌을 부드럽게 만들기 위해 첨가되는 물질로 글리세린, 소르비톨, 프로필렌글리콜의 3품목뿐이다.

글리세린은 지방 성분이므로 안전성에 문제는 없다. 소르비톨도 원래 과실 등에 함유된 단맛 성분으로 감미료로도 사용되므로 역시 안전성에 문제는 없다. 문제가 되는 물질은 프로필렌글리콜이다.

프로필렌글리콜은 인간이 합성한 화학물질로 자연계에 존재하지 않는 물질이다. 이러한 화학물질은 인체에 부정적인 영향을 미치는 경우가 많은데, 프로필렌글리콜은 그러한 영향이 적어서 첨가물로 인정되었다. 생메밀이나 생라면 등의 보습제나 보존제로 사용된다.

그러나 염려되는 자료가 있다. 달걀에 프로필렌글리콜을 0.05㎖ 주입한 결과, 병아리에게 팔다리가 짧은 소지증이 나타났다. 이 실험 결과를 어떻게 평가하면 좋을까? 달걀에 주입한 실험이므로 동물이나 인간이 입으로 직접 섭취하는 것과는 차이가 있다.

하지만 달걀에서 병아리가 될 때 세포와 유전자에 영향을 미쳐 선천성 장애를 일으킨 것으로 추정된다. 따라서 안전하다고는 말하기 어렵다.

참고로 추잉껌연화제는 일괄명(용도를 나타내는 총칭)인 '연화제'로만 표시되므로 프로필렌글리콜이 사용되어도 알 수 없다.

✴ **치자색소** 착색료, 천연 `LD50` 5000mg 이상/kg

인스턴트 라면, 생라면, 껌, 시럽, 녹차메밀면, 음료, 빙과, 리큐어 등에 사용된다.

꼭두서니과 치자나무 열매에서 온수로 추출한 후 효소를 첨가하고 분리하여 얻는다. 치자황색소, 치자청색소, 치자적색소가 있다.

쥐에게 체중 1kg당 치자황색소 5g을 먹인 결과 죽은 사례는 없다. 부검 조사한 결과에서도 이상은 발견되지 않았다.

하지만 다른 쥐에게 마찬가지로 0.8~5g을 먹인 실험에서는 설사를 일으키고, 간 출혈과 간세포 변성 및 괴사가 관찰되었다. 치자황색소에 함유된 게니포시드라는 물질이 원인이라고 여겨진다.

쥐에게 치자청색소를 5% 포함한 먹이를 13주간 급여한 실험에서는 체중이 줄거나 도중에 죽은 사례는 없었고, 뚜렷한 독성도 발견되지 않았다.

쥐에게 치자적색소를 4.5% 포함한 먹이를 21주간 급여한 실험에서도 독성은 확인되지 않았다.

치자청색소와 치자적색소는 안전성이 높다고 할 수 있지만, 치자황색소는 그렇지 않다.

✳ 카라기난 증점제, 천연 `LD50` 5000mg 이상/kg

샤브샤브 양념장, 드레싱, 캔커피, 수프, 소스, 젤리, 두유, 유음료, 과실 음료, 디저트 식품 등에 사용된다. 홍조류나 해조류 같은 해초를 건조해서 얻은 '증점다당류'의 일종이다.

급성 독성은 약하지만 우려되는 보고도 몇 가지 있다. 쥐에게 카라기난을 15% 및 25% 포함한 먹이를 50일간 먹인 실험에서 4주 차부터 설사가 시작되었고, 특히 25% 그룹은 설사가 심하고 혈변까지 보였다. 또, 8주 차부터 등의 털이 빠지기 시작했는데, 특히 25% 그룹과 개에게서 증상이 심했다.

한편, 카라기난을 4% 함유한 먹이를 쥐에게 6개월간 먹인 실험에서는 별다른 이상은 보이지 않았다. 카라기난 양이 적으면 문제가 생기지 않는 듯한데, 양이 많으면 장애가 발생한다. 천연첨가물은 첨가량이 많은 경우도 있어서 이 점이 염려된다.

원숭이에게도 실험이 행해졌다. 붉은털원숭이에게 체중 1kg당 50mg, 200mg, 500mg을 일주일에 6일을 5년 동안 강제로 먹이고, 그 이후인 2년 반은 먹이에 섞어 급여한 실험에서는, 무른 변, 만성적인 장 문제, 식욕부진, 쇠약 등이 나타났다. 급여량이 많아지면서 대변이 물러지고 혈변도 증가했다.

또 쥐에게 발암물질과 카라기난을 15% 포함한 먹이를 급여한 실험에서는 결장 종양의 발생률이 높아졌다. 발암물질은 빼고 카라기난만 함유한 먹이를 급여한 경우, 쥐 한 마리에서 결장 선종이 발견되었다.

그 밖에 닭의 수정란에 카라기난을 0.1% 포함한 수용액을 0.1mg 투여한 실험에서는 배아 사망률이 높아지면서 병아리에게 뇌 노출, 비정상적인 부리, 무안증(無眼症) 등이 발견되었고, 대다수 병아리가 태어난 지 4일 만에 사망했다. 병아리에게 나쁜 영향을 끼친 것이 틀림없다.

카라기난은 이미 다양한 식품에 사용되고 있지만, 이러한 실험 결과들이 존재하는 한 안전하다고 할 수는 없다.

✳ 카라멜색소 착색료, 천연 LD50 15000mg 이상/kg

소스, 콜라, 커피 음료, 양주, 과자류, 라면수프, 절임 등 많은 식품에 갈색으로 착색하기 위해 사용된다.

카라멜색소에는 전분이나 당밀, 당류를 단순히 열처리하여 얻은 것(카라멜색소Ⅰ), 카라멜색소Ⅰ에 아황산화합물을 첨가한 후 열처리한 것(카라멜색소Ⅱ), 카라멜색소Ⅰ에 암모늄화합물을 첨가한 후 열처리한 것(카라멜색소Ⅲ), 카라멜색소Ⅰ에 아황산화합물과 암모늄화합물을 첨가한 후 열처리한 것(카라멜색소Ⅳ), 이렇게 4종류가 있다.

그러나 '카라멜색소' 혹은 '카라멜'이라고만 표시되기 때문에 무엇이 사용되었는지 알 수 없다.

카라멜색소 Ⅲ과 Ⅳ의 경우, 열 처리로 인해 암모늄화합물이 4-메틸이미다졸이라는 화학물질로 변화하는데, 이것은 미국의 동물 실험에서 발암성이 인정되었다. 따라서 카라멜색소Ⅲ과 Ⅳ는 위험성이 높다고 할 수 있다.

한편, 카라멜색소Ⅰ과 Ⅱ에는 4-메틸이미다졸이 들어 있지 않아 독성은 없는 것으로 보인다. 즉 위험하다고는 할 수 없는 상황이다. 제품에 Ⅰ~Ⅳ 중 무엇이 사용되었는지 제대로 표기해주었으면 한다.

✳ 카로티노이드 → 안나토색소, 파프리카색소, 베타카로틴 참조

카로티노이드란 동식물에 함유된 노란색·주황색·빨간색을 나타내는 색소의 총칭으로 파프리카색소나 토마토색소, 안나토색소, 캐롯카로틴, 베타카로틴, 치자황색소 등 다양한 종류가 있다. 단, 카로티노이드라는 표기만으로는 구체적인 색소명을 알기 어렵다.

카로티노이드 색소는 대부분 안전성에 문제는 없지만, 치자황색소 같은 다소 문제가 있는 물질도 있다. 그래도 전반적으로 안전성은 높다고 할 수 있다.

● 카로틴색소 착색료, 천연

카로틴색소는 동식물에서 추출한 노란색·주황색·빨간색 색소로, 여기에는 캐롯카로틴, 팜유카로틴, 베타카로틴 등이 있다. 동식물에서 추출한 물질인 만큼 안전성에 문제는 없다고 본다.

✳ 카르민산 → 코치닐색소 참조

✳ 카르민산색소 → 코치닐색소 참조

● 카르복시메틸셀룰로오스나트륨 호료, 합성 `LD50` 16000mg/kg

아이스크림, 잼, 크림, 땅콩버터, 케첩, 쓰쿠다니, 소스 등에 사용된다. 식물에 들어 있는 셀룰로오스를 원료로 수산화나트륨 등을 반응시켜 화학합성한 물질이다. 명칭이 길어서 'CMC-Na' 또는 'CMC'로 표시되는 경우가 많다.

급성 독성은 거의 없다. 5% 포함된 먹이를 쥐에게 8개월간 먹인 실험에서는 성장, 장기 중량, 주요 조직에 병적 변화는 보이지 않았다.

또한, 20% 다량 포함한 먹이를 쥐에게 2개월간 먹인 실험에서는 성장에 악영향을 조금 미치고 대변이 물러졌다. 그러나 실제로는 이 정도의 다량을 섭취할 일이 없으므로 걱정할 필요는 없다.

● 카르복시메틸셀룰로오스칼슘 호료, 합성

고형 수프나 고형 조미료, 과립형 육수 등을 쉽게 녹이기 위해 사용된다. 목재 펄프에 수산화나트륨이나 탄산칼슘 등을 화학 반응시켜 합성한다. 명칭이 길어서 'CMC-Ca'으로 표시되는 경우가 많다. 독성은 카르복시 메틸셀룰로오스나트륨과 같은 수준이다.

● 카제인 호료, 합성

카제인은 원래 우유에 들어 있는 물질로 칼슘 및 인산칼슘과 결합하는데, 우유가 하얗게 보이는 이유는 이러한 성분 때문이다. 카제인은 아이스크림이나 젤리, 어육 반죽 제품 등에 사용되며, 안전성에 문제는 없다고 본다.

✳ 카제인나트륨 호료, 합성 `LD50` 400~500mg/kg

카제인에 나트륨을 결합한 물질이 카제인나트륨이다. 물에 잘 녹기 때문에 카제인보다 이용 범위가 넓어 아이스크림, 젤리, 햄, 소시지, 면류, 어육 반죽 제품 등에 사용된다.

단순히 카제인에 나트륨이 결합했을 뿐이므로 독성이 약하다고 볼 수 있지만, 동물에게 체중 1kg당 5일간 연속으로 0.4~0.5g을 먹이자 독성을 일으켜 절반이 죽었기에 독성이 약하다고 단정할 수는 없다. 나트륨이 독성을 강하게 만드는 듯하다.

✳ 카페인 고미료, 천연

커피콩이나 찻잎에서 물 또는 이산화탄소로 추출하고 분리·정제하여 얻는다. 콜라나 드링크제 등에 사용된다.

카페인은 알칼로이드 일종이다. 알칼로이드란 식물에 들어 있는 성분으로 인간에게 매우 강한 생리 작용을 가진다. 코카인이나 모르핀 같은 마약과 담배에 함유된 니코틴도 알칼로이드 일종이다.

카페인은 알칼로이드 중에서는 작용이 순한 편이지만, 그래도 대뇌에 작용하여 감각이나 정신 기능을 예민하게 만들어 졸음을 쫓는다. 밤에 커피를 마시면 좀처럼 잠이 오지 않는 것도 이러한 이유에서다.

그 밖에 혈관을 수축시키거나 소변을 자주 마렵게 하고 위액을 분비시키는 작용도 있다. 따라서 성장기 아이가 카페인을 섭취하면 뇌 등에 강한 자극을 받아 흥분하거나 잠을 잘 수 없게 된다. 그래서 아이에게 커피를 먹이지 않는 부모도 많은 듯하다.

콜라나 영양 음료 등에도 카페인이 첨가되어 있는데, 이 점을 모르고 아이에게 먹이면 위와 같은 문제가 일어날 우려가 있다. 표시를 잘 살펴보고 카페인이 들었는지 확인하자.

✳ **껌베이스** 합성·천연

껌베이스는 이름 그대로 추잉껌의 기본 원료인데, 이것을 사용하지 않으면 껌을 만들 수 없다. 껌베이스는 첨가물의 일괄명으로 실제 첨가물로 사용되는 물질명은 다음과 같다.

> 에스테르검/초산비닐수지/폴리이소부틸렌/폴리부텐/글리세린지방산에스테르/산화칼슘/인산삼칼슘/인산일수소칼슘

초산비닐수지는 접착제로도 사용된다. 그 원료가 되는 초산비닐은 동물 실험에서 발암성이 있다고 밝혀졌다. 초산비닐수지에도 초산비닐이 잔류할 가능성이 있어 후생노동성에서는 수지 안에 초산비닐이 5ppm(ppm은 100만분의 1을 나타내는 농도 단위) 이상 남아 있는 경우는 식품위생법 위

반으로 간주한다. 이렇게 문제가 있는 물질은 첨가물 사용을 금지하는 것이 마땅하다.

폴리이소부틸렌은 석유나프타(석유에서 얻는 증류물)를 분해할 때 부산물로 생기는 이소부틸렌을 결합하여 만든 것인데 독성이 보고된 바는 없다. 폴리부텐은 석유나프타에서 얻은 부텐을 결합한 물질로 이것도 독성은 없다고 본다. 하지만 이렇게 합성된 화학물질을 아이들이 즐겨 먹는 껌에 첨가해도 괜찮을지 상당히 의심스럽다.

게다가 '껌베이스'라는 일괄명으로만 표시되기 때문에 소비자는 어떤 물질이 사용되었는지 알 수 없다.

위에서 언급한 물질들은 화학 합성 껌베이스이다. 그 밖에 다음과 같은 천연 껌베이스도 있다.

오조케라이트/구아야크수지/구타항강/구타페르카/고무/고무분해수지/젤루통/솔버/솔빈하/치클/칠테/투누/저분자고무/니제르구타/파라핀왁스/분말왕겨/베네수엘라치클/호호바오일/매스틱/마사란두바초콜릿/마사란두바바라타/라놀린/레체데바카/로시딘하/로진

생소한 이름들이 많을 테지만, 대부분이 '고무'와 마찬가지로 나무에서 채취한 수액이다. 독성이 강한 것은 거의 없지만 몇 가지 문제가 있는 물질도 있다.

호호바오일은 회양목과 호호바 열매에서 추출한 오일 성분인데, 0.625% 포함한 먹이를 쥐에게 90일간 먹인 실험에서 백혈구 및 뇌중량 감소가 보였다.

이상과 같이 천연물질이라고는 하지만 원래는 식품으로 이용되지 않는 물질이므로, 만약 이러한 물질을 섭취한다면 몸에 여러 가지 악영향을 미칠 수 있다.

그러나 대다수 제품이 일괄명인 '껌베이스'라고만 표시되기 때문에 무엇이 첨가되었는지 알 수 없다.

☀ 코치닐색소 착색료, 천연 `LD50` 5000mg 이상/kg

보충 음료, 잼, 엿·사탕, 젤리, 빙과, 토마토 가공품 등 주황색 또는 적자색으로 착색하기 위해 사용된다.

남미에 서식하는 깍지벌렛과의 연지벌레를 건조하여 뜨거운 물 또는 데운 에틸알코올로 추출해서 얻은 물질이다. 카르민산 또는 카르민산색소라고도 하는데, 이렇게 표시되는 경우도 적지 않다.

급성 독성은 극히 약하다. 쥐에게 체중 1kg당 코치닐색소를 5g 강제로 먹였지만 죽은 사례는 없었고, 쥐의 상태와 장기에도 이상은 발견되지 않았다. 그러나 코치닐색소를 3% 포함한 먹이를 쥐에게 13주 동안 급여한 실험에서는 중성지방과 콜레스테롤이 증가했다.

그 밖에 세균 유전자를 돌연변이로 만든다는 사실이 밝혀졌다. 이러한 돌연변이와 발암성 사이에는 관계가 있다.

☀ 쿠르쿠민 → 심황색소 참조

● 키토산 증점제, 천연

키틴을 수산화나트륨 용액으로 처리한 물질로 연골 성분인 글루코사민으로 구성된다. 실험 자료는 찾을 수 없지만, 안전성에는 큰 문제가 없는 것으로 보인다.

● 키틴 증점제, 천연

새우나 게 등의 등껍질에서 추출한 물질이다. 실험 자료는 보이지 않지만, 안전성에는 문제가 없는 것으로 보인다.

✳ 타르색소 착색료, 합성

타르색소가 화학 합성된 것은 19세기 중반 무렵이다. 콜타르를 원료로 합성한 데서 그 이름이 붙여졌다.

콜타르는 세계 최초로 동물 실험에서 발암성이 증명된 물질이다. 1910년대 토끼 귀에 콜타르를 바르는 실험을 통해 암이 발생하는 것으로 밝혀졌다. 그 후 콜타르를 대신하여 석유 제품이 타르색소 원료로 사용되었다.

타르색소에는 여러 종류가 있는데, 식품 외에도 화장품, 입욕제, 의약품, 방향제 등 다양한 제품에 사용된다.

식품첨가물로 허용된 타르색소는 총 12품목으로 적색2호, 적색3호, 적색 40호, 적색102호, 적색104호, 적색105호, 적색106호, 황색4호, 황색5호, 청색1호, 청색2호, 녹색3호가 있다. 이들은 아조 결합, 크산텐 결합이라는 독특한 화학 구조를 갖고 있다.

이러한 화학 구조를 가진 화학물질은 발암성이나 기형아 유발성이 있는 것이 많으며, 첨가물로 사용되는 타르색소도 그러한 의심이 드는 물질 중 하나다. 타르색소는 자연계에 존재하지 않고 잘 분해되지 않는 화학물질이기 때문에 몸에 흡수된 경우에도 분해되기 어려워 호르몬과 면역 등의 시스템을 교란할 우려가 있다. 따라서 가능한 한 섭취하지 않는 편이 바람직하다.

● 타마린드검 → 타마린드씨드검 참조

● 타마린드씨드검 증점제, 천연 **LD50** 2000mg 이상/kg

콩과의 타마린드 씨앗에서 뜨거운 물 또는 알칼리성 수용액을 통해 추출하여 얻은 '증점다당류' 일종이다. 타마린드검이라고도 한다. 타마린드는 중앙아프리카에 서식하는 식물로 그 열매나 콩깍지는 식용으로 이용된다.

급성 독성은 약하지만, 쥐에게 5% 타마린드씨드검을 함유한 먹이를 78주간 급여한 실험에서 체중 및 간 중량이 증가했다. 단, 병리학적 변화는 보이지 않았으며, 암도 발생하지 않았다.

● 탄산마그네슘 팽창제·제조용제, 합성

빵과 과자에 팽창제로 또는 두부에 소포제(제조 과정에서 생기는 거품을 제거한다)로 사용된다. 독성은 거의 없다고 여겨지며 안전성에도 문제없다.

✴ 탄산수소나트륨(중조) 산도조절제·팽창제, 합성 LD50 4300mg/kg

산도조절제로 사용되는 것 이외에 팽창제로서 단독으로 또는 다른 팽창제와 조합하여 사용된다. 개에게 3~4주간 먹인 실험에서는 총량이 150g이 되자 구토와 설사를 일으키고 점점 쇠약해지다가 죽었다.

위장약으로도 사용되는데, 이 경우 하루에 3~5g 복용한다. 단, 궤양이 있다면 위에 구멍이 생길 위험성이 있다. 탄산수소나트륨이 사용된 쿠키나 케이크 등을 먹으면 입에 위화감을 느낄 수도 있다.

● 탄산칼슘 영양강화제·제조용제, 합성

탄산칼슘은 조개껍데기, 뼈, 달걀 껍데기 등의 성분으로 석회암이나 대리석 등에도 들어 있다. 빵, 된장, 과자류, 낫토 등에 사용된다. 독성은 거의 없으며 안전성에도 문제없다.

● 토마틴 감미료, 천연

마라탄과의 식물 종자에서 추출된 감미 성분이다. 아프리카에서는 오랜 세월 식용으로 쓰여왔다. 동물 실험에서도 명확한 독성은 발견되지 않았다.

✴ 투야플리신 보존료, 천연 LD50 399~504mg/kg

투야플리신은 측백나뭇과인 나한백의 줄기나 뿌리에서 알칼리성 수용액과 용제로 추출한 물질이다. 히노키티올이라고도 한다.

임신한 쥐에게 올리브오일에 용해시킨 히노키티올을 체중 1kg당 0.42~1g 비율로 1회 먹인 실험에서는 태어난 새끼에게 구순열, 단모, 손발 기형 등이 발견되어 기형아 유발성이 있다는 사실이 밝혀졌다.

✴ 트래거캔스검 증점제, 천연 LD50 2600~18000mg/kg

트래거캔스검은 콩과 식물인 트래거캔스의 분비액을 건조하여 얻은 '증점다당류' 일종이다.

젤리나 소스, 드레싱 등에 사용된다. 하지만 발암성을 시사하는 연구 자료가 있다.

트래거캔스검을 1.25% 및 5% 함유한 먹이를 쥐에게 96주간 먹인 실험에서 암컷 체중이 조금 감소하고 위에 유두종, 암이 발생했다. 급여량이 많을수록 암 발생률도 높아지는 용량 의존성이 보이지 않아 발암성은 인정되지 않았지만, 불안한 연구 자료가 아닐 수 없다.

또 트래거캔스검은 중증 증상을 일으키는 알레르겐이 될 수 있다는 보고도 있다.

● 트레할로스 제조용제·감미료, 천연

맥아당(말토오스)을 효소로 처리하거나 효모 또는 세균의 배양액이나 균

체에서 물 또는 알코올로 추출하여 효소로 분리하여 얻은 물질이다. 포도
당이 2개 결합한 이당류로 버섯이나 새우 등에도 들어 있는 당알코올이
므로 안전성에 문제는 없어 보인다.

ㅍ

✳ 파라벤 보존료, 합성 **LD50** 950mg/kg(부틸파라벤으로 투여)

파라벤의 정식 명칭은 파라옥시안식향산류다. 간장, 과일 소스, 시럽, 과
실·과채의 껍질 등에 사용된다.

첨가물로 승인된 파라벤에는 이소부틸파라벤, 이소프로필파라벤, 에틸
파라벤, 부틸파라벤, 프로필파라벤이라는 5품목이 있다.

동물 실험이 많이 진행되지 않아 관련 자료가 거의 없다. 이소프로필파
라벤은 2.5% 및 5% 포함한 먹이를 쥐에게 13주간 먹인 실험에서 간 장애
시 상승하는 γ-GPT가 증가했다.

에틸파라벤은 2% 포함한 먹이를 쥐에게 먹인 실험에서 첫 2개월간은 성
장 장애가 나타났다. 부틸파라벤의 경우, 8% 포함한 먹이를 쥐에게 먹인
실험에서 수컷은 모두 죽고 암컷도 대부분이 죽었다.

● 파프리카색소 착색료, 천연

고추과 열매에서 가열한 기름이나 에틸알코올 또는 용제로 추출하여 얻
은 붉은 색소로, 매운맛 성분을 제거할 수도 있다.

원래 식품으로 사용되는 고추과 식물에서 추출한 성분이므로 안전성에
는 문제가 없을 것으로 보인다. 고추색소, 카로티노이드(동식물에 함유된 노
란색·주황색·빨간색 색소의 총칭)라고도 한다.

● **판토텐산칼슘** 영양강화제, 합성

판토텐산은 비타민의 일종으로, 여기에 칼슘을 결합한 물질이 판토텐산 칼슘이다. 비타민 일종이므로 안전성에는 문제가 없을 것이다.

● **패각칼슘** 영양강화제, 천연

패각을 태워 얻은 물질로 성분은 산화칼슘이다. 산화칼슘은 생석회라고 도 하며, 피부나 점막에 부착하면 염증을 일으키지만, 첨가물로 미량 사 용되는 정도로는 문제가 되지 않을 것이다.

또한 패각을 소성(태워서 성질을 바꾸는 과정)하지 않고 살균, 건조하여 분 말로 만든 것도 '패각칼슘'으로 쓰인다. 마찬가지로 성분은 산화칼슘이며 안전성에 문제는 없다.

✳ **팽창제** 합성

카스텔라나 핫케이크, 과자, 쿠키·비스킷 등을 폭신폭신하게 만드는 데 사용된다. 그러한 식품을 만드는 반죽에 팽창제를 첨가하여 구우면 가스 가 발생해 부풀어오르며 식감이 좋아진다. 별칭인 '베이킹파우더'로 표시 되는 경우도 있다.

가장 많이 사용되는 물질은 탄산수소나트륨, 즉 중조다. 중조는 마트에서 베이킹파우더로 판매되는 물질이다. 베이킹파우더는 탄산수소나트륨을 주성분으로 여러 품목의 팽창제를 섞은 물질이다.

팽창제는 첨가물의 일괄명으로 실제로 첨가물로 사용되는 물질명은 다 음과 같다.

아디프산/L-아스코르브산/염화암모늄/구연산/구연산칼슘/글루코노델타락 톤/DL-주석산/L-주석산/DL-주석산수소칼륨/L-주석산수소칼륨/탄산암모 늄/탄산칼륨(무수)/탄산칼슘/탄산수소암모늄/탄산수소나트륨/탄산나트륨/

탄산마그네슘/젖산/젖산칼슘/피로인산사칼륨/피로인산이수소칼슘/피로인산이수소이나트륨/피로인산사나트륨/푸마르산/푸마르산일나트륨/폴리인산칼륨/폴리인산나트륨/메타인산칼륨/메타인산나트륨/황산칼륨/황산알루미늄암모늄/황산알루미늄칼륨/DL-사과산/DL-사과산나트륨/인산삼칼슘/인산수소이칼륨/인산이수소칼륨/인산일수소칼슘/인산이수소칼슘/인산수소이나트륨/인산이수소나트륨

이처럼 상당수에 이르는데, 구연산과 주석산 등 '산'이 많으며, 인산을 함유한 물질도 상당히 많다. 인산을 많이 섭취하면 칼슘이 잘 흡수되지 않아 뼈가 약해질 우려가 있다.

앞에서 3번째에 있는 염화암모늄은 독성이 강해서 토끼에게 2g 먹이자 10분 후 죽고 말았다. 그런데 현재 이스트푸드로도 사용되고 있다.

탄산나트륨은 인간이 다량으로 섭취하면 위나 장의 점막에 상처가 생긴다고 밝혀졌다. 소량이라도 위나 장에 자극을 줄 수 있다.

폴리인산나트륨의 경우, 3% 포함한 먹이를 24주간 먹인 실험에서 신장결석이 생겼다. 또 메타인산나트륨의 경우, 10% 포함한 먹이를 쥐에게 1개월간 먹인 실험에서 발육이 나빠지고 신장 무게가 증가했으며, 요세관에 염증이 관찰되었다. 그러나 여러 종류를 첨가해도 '팽창제'라는 일괄명으로만 표시되므로 소비자로서는 무엇이 사용되었는지 알기 어렵다.

● **펙틴** 증점제, 천연 **LD50** 5000mg 이상/kg

잼, 케이크, 아이스크림, 젤리, 초콜릿, 주스 등에 걸쭉함을 주기 위해 사용된다. 펙틴은 사탕무나 사과 등에서 추출해 얻은 것이다. 원래 식품에 들어 있는 성분이므로 독성은 거의 없다.

쥐에게 3세대에 걸쳐 펙틴을 2% 및 5% 포함한 먹이를 급여한 실험에서는 사망률, 체중, 식욕, 번식력에 이상이 보이지 않고, 병변도 관찰되지 않았다.

쥐에게 5% 및 10%라는 다량의 펙틴을 포함한 먹이를 90일간 먹인 실험에서는 전반적인 상태나 행동, 생존율에 악영향은 보이지 않았다. 그 밖에 펙틴을 10% 포함한 먹이를 쥐에게 2년간 먹인 실험에서는 체중이 줄고 정소의 중량이 늘어났다. 펙틴은 영양분이 되기 어려워 매일 많은 양을 지속적으로 섭취하면 체중이 줄게 된다.

● 포도색소 착색료, 천연

정식 명칭은 포도과피색소라고 한다. 포도 과피(果皮)에서 추출한 물질로 주요 색소는 안토시아닌이다. 그 유래로 보아 안전성에 문제는 없을 것으로 본다.

✳ 폴리리신 보존료, 천연 `LD50` 5000mg 이상/kg

전분을 원재료로 한 식품 등에 부패를 방지할 목적으로 많이 사용되는 천연 보존료로 정식 명칭은 ε-폴리리신이다.

폴리리신은 방선균이라는 세균의 배양액에서 분리해 얻은 물질이다.

쥐에게 폴리리신이 5% 함유된 먹이를 3개월간 먹인 실험에서는 식욕이 떨어져 체중이 감소했다. 또한, 혈당치와 혈중 인지질, 간과 갑상샘의 중량, 백혈구 수도 감소했다.

그리고 2% 함유된 먹이를 다른 쥐에게 먹인 실험에서도 체중이 감소했다. 동물에게 그다지 바람직한 물질은 아닌 듯하다. 아마 인간에게도 마찬가지 아닐까?

표백제 합성

채소나 과일, 가공식품의 원료를 표백한다. 표백제에는 아황산나트륨과 이산화황 등의 아황산계 물질과 아염소산나트륨, 과산화수소가 있는데,

모두 독성이 강하다. 표백제는 첨가물의 용도명이며 사용 첨가물은 구체적인 물질명이 표시된다.

● **풀루란** 증점제, 천연
흑효모에서 얻은 다당류로 급성 독성은 극히 약하며, 성인 남성 13명이 하루에 10g의 풀루란을 섭취했으나 혈액 생화학 검사에서 이상은 확인되지 않았다.

✳ **프로타민** → 이리단백 참조

✳ **프로피온산** 보존료, 합성 **LD50** 2600mg/kg
치즈, 빵, 과자에 부패 방지를 위해 사용된다. 국제 화학물질 안전성 계획이 작성한 국제 화학물질 안전성 카드에는 인간이 입으로 섭취한 경우 '위경련, 작열감, 구역질, 쇼크 또는 허탈, 인두통, 구토를 일으킨다'고 되어 있다. 굉장히 자극적인 물질이라고 본다.

✳ **프로피온산나트륨** 보존료, 합성 **LD50** 400mg 이상/kg
치즈, 빵, 과자에 부패 방지를 위해 사용된다. 독성은 프로피온산보다 강하다고 할 수 있다.

✳ **프로피온산칼슘** 보존료, 합성 **LD50** 5160mg/kg
치즈, 빵, 과자에 부패 방지를 위해 사용된다. 독성 정도는 프로피온산과 같을 것으로 짐작된다.

✳ **프로피코나졸** 곰팡이방지제, 합성 **LD50** 439mg/kg

1990년에 농약으로 등록되었고, 2018년에 첨가물로도 사용이 허가되었다. 쥐 64마리에게 프로피코나졸을 0.01%, 0.05%, 0.25% 포함한 먹이를 2년간 먹인 결과, 0.25% 투여 그룹에서 다발성 간세포암 발생률이 증가했다.

● 플라보노이드 착색료, 천연

플라보노이드는 코코아, 녹차, 홍차 등에 들어 있는 폴리페놀 일종으로 카카오색소, 카키색소, 양파색소 등이 있다. 그 유래로 보아 안전성에 문제는 없을 것이다.

✱ 플루다이옥소닐 곰팡이방지제, 합성 LD50 5000mg/kg

플루다이옥소닐은 1996년에 농약으로 등록되어 지금까지 살균제로 쓰이는데, 2011년에 첨가물로도 사용이 승인되었다. 급성 독성은 비교적 약하지만, 발암성이 의심되는 물질이다.

쥐에게 플루다이옥소닐을 0.3% 포함한 먹이를 2년간 먹인 실험에서 간의 종양 및 암(악성 종양) 발생률이 증가했다.

또, 쥐에게 0.3% 포함한 먹이를 18개월간 먹인 실험에서는 림프종 발생률이 증가했다.

✱ 피로아황산나트륨 표백제, 합성 LD50 600~700mg/kg(이산화황으로 환산)

박고지, 아마낫토, 콩자반, 건조 과실, 새우, 캔디드 체리, 곤약 가루 등에 사용된다. 표백과 보존 목적으로도 첨가되며, 와인에는 산화방지제로 쓰이기 때문에 '아황산염'으로 표시된다.

피로아황산나트륨은 비타민 B_1을 결핍시켜 성장에 악영향을 미칠 우려가 있다. 0.6% 포함한 먹이로 어린 쥐를 키운 실험에서는 비타민 B_1 결핍증을 일으켜 성장이 나빠지고 설사 증세도 보였다.

또, 0.1% 먹이를 급여한 실험에서도 성장이 나빠졌는데, 이것도 비타민 B₁ 결핍에 따른 것이라고 판단되었다.

이 실험에서 사용된 농도는 박고지나 말린 살구, 포도주 등에 첨가되는 것과 크게 다르지 않다. 따라서 이러한 식품을 계속 먹으면 같은 증상을 일으킬 가능성이 있다.

✳ **피로아황산칼륨** 표백제, 합성

박고지, 아마낫토, 콩자반, 건조 과실, 새우, 캔디드 체리, 와인, 곤약 가루 등에 사용된다. 표백과 보존 목적으로도 첨가되며, 와인에는 산화방지제로 쓰이기 때문에 '아황산염'으로 표시된다.

피로아황산칼륨은 비타민B₁을 결핍시켜 성장에 악영향을 미칠 우려가 있다. 독성 정도는 피로아황산나트륨과 비슷하다.

✳ **피로인산나트륨** 결착제, 합성

독성이 있다는 보고는 없지만, 인산을 많이 섭취하면 칼슘이 잘 흡수되지 않아 뼈가 약해질 우려가 있다.

✳ **피리메타닐** 곰팡이방지제, 합성 **LD50** 4150mg/kg

이것은 원래 농약으로 사용되던 것이다. 1999년에 농약으로 등록되어 살균제로 사용되었지만, 2005년에 그 효력을 잃게 되면서 더 이상 농약으로 사용할 수 없게 되었다. 그리고 2013년에 첨가물로 사용이 허가되었다.

급성 독성은 비교적 약하지만, 발암성이 의심되는 물질이다. 쥐에게 피리메타닐을 0.0032%, 0.04%, 0.5% 포함한 먹이를 2년간 먹인 실험에서는

0.5% 그룹에서 갑상샘에 선종이 발생했다.

✳ **향료** 합성·천연

딸기, 파인애플 등 특정 향을 입히기 위해 첨가된다. 껌, 아이스크림, 구미, 청량음료, 유산균 음료, 과즙 음료, 시리얼, 엿·사탕, 과일 요구르트 등 실로 수많은 식품에 사용되어 과용한다는 느낌을 지울 수 없다.

향료는 첨가물의 일괄명이다. 실제 첨가물로 사용되는 물질로는 바닐린이나 초산에틸 등 합성향료가 약 160품목 있으며, 개중에는 위험성이 있는 물질도 있다.

그 밖에 천연향료(식물이나 해조 등에서 추출한 향 성분)가 무려 약 600품목이나 있다. 하지만 첨가량이 0.01% 이하 소량이기 때문에 문제 되는 경우가 적으며 일괄명 표시가 인정된다.

일반적으로 여러 품목을 조합하여 독특한 향을 만들어내지만 무엇을 조합했는지는 기업 비밀이므로 소비자는 알 수 없다.

합성향료 중에는 독성이 강한 물질이 있는데, 예를 들어 살리실산메틸은 2% 포함한 먹이를 쥐에게 먹인 실험에서 49주에 모두 죽었다. 또한, 벤즈알데히드는 쥐에게 하루에 체중 1kg당 0.2~0.6g을 주 5일 2년간 투여한 실험에서 위의 종양 발생률이 증가했다. 그 밖에 페닐류, 이소티오시안산알릴, 에틸류 등도 독성이 있다. 천연향료도 안전성이 의심되는 물질이 있다. 이를테면 '코카(COCA)'라는 물질이 있는데, 이것은 마약인 코카인의 원료가 되는 식물 코카를 말한다.

식품에는 저마다 독특한 향이 있으므로 원래는 향료가 필요치 않다. 향료를 사용하는 목적은 본연의 향에 자신이 없는 탓에 인공적인 향을 입혀 속이려고 하거나 강렬한 향으로 소비자를 끌어들이기 위함이다.

제조사는 쉽게 향료를 쓰지 말고, 소비자들도 이상한 향이 나는 식품은 사먹지 않았으면 한다.

● 향신료추출물 천연

평소 사용하는 후추나 마늘 등 향신료에서 물, 에탄올, 이산화탄소나 유기 용제로 추출하거나 수증기 증류를 통해 얻은 물질이다.

모두 식품용 향신료에서 추출한 것이므로 안전성에는 문제가 없을 것으로 보인다. 단, '향신료추출물'보다 간략명인 '향신료'로 표시되는 경우가 대부분이기에 본래 향신료와 구별할 수 없다는 점이 다소 이해하기 어렵다.

● 헤스페리딘 영양강화제, 천연

감귤류의 과피나 과즙, 씨앗에서 추출하여 얻은 물질로 안전성에 문제는 없다.

호료 합성·천연

식품에 점성과 걸쭉함을 주기 위해 사용된다. 호료는 용도명이며, 사용 목적에 따라서는 증점제, 안정제, 겔화제로 다르게 표시하는 경우도 있다.

특히 점성과 걸쭉함을 주는 것이 목적이면 '증점제', 식품을 겔화 상태로 만드는 것이 목적이면 '겔화제', 점성을 강하게 하고 식품 성분을 균일하게 안정시키는 것이 목적이면 '안정제'라고 표시된다.

호료의 합성첨가물에는 약 20품목이 있다. 천연첨가물은 약 40품목이며, 대부분이 증점다당류(증점다당류 참조)라는 다당류인데, 용도명 없이 약칭인 '증점다당류'라고 표시되는 경우가 늘고 있다. '증점'이라는 용어에서 증점제임을 알 수 있기 때문이다. 호료는 첨가물 용도명으로, 사용된 첨가물인 구체적인 물질명이 표시된다.

✳ 홍국색소 착색료, 천연 `LD50` 5000mg 이상/kg

팥밥, 팥소류, 수산 반죽 제품, 축산가공품, 어육, 절임 등에 노란색 또는 붉은색으로 착색하기 위해 사용된다. 붉은 누룩곰팡이에서 에틸알코올 또는 프로필렌글리콜로 추출하여 얻은 것으로 황색소와 적색소가 있다. 별칭은 모나스커스색소이며 '홍국'으로 표시되는 경우도 많다.

쥐에게 적색소를 5% 포함한 먹이를 13주간 먹인 실험에서 신장 조직 일부에 괴사가 확인되었다.

✳ 홍화색소 착색료, 천연 `LD50` 5000mg 이상/kg

요구르트, 유산균 음료, 껌, 과자류, 면류 등에 사용된다. 국화과 홍화의 꽃에서 추출된 색소로 황색소와 적색소가 있다.

홍화황색소를 쥐에게 체중 1kg당 5g을 강제로 먹인 실험에서는 사망한 사례는 없고 전반적인 상태나 부검에서도 이상은 발견되지 않았으므로 급성 독성은 거의 없다고 봐도 무방하다. 단, 홍화황색소는 세균 유전자를 돌연변이로 만드는 작용이 있다. 홍화적색소도 독성은 약하지만 염색체 이상을 일으킨다.

암세포란 인간 세포 유전자에 갑자기 변이를 일으켜 본래 기능을 잃게 하고 비정상적 세포를 증대시키는 것을 말한다. 그런 의미에서 보면 이러한 색소가 세포의 암화를 일으킬 가능성이 없다고는 할 수 없으며, 실제로 음식과 함께 먹으면 어떤 영향을 미칠지 모른다.

● 환형올리고당 제조용제, 천연

시클로덱스트린이라고도 한다. 덱스트린(포도당이 여러 개 결합한 것)이 환형 구조인 물질이며, 그 유래로 보건대 안전성에 문제는 없다.

● **황산마그네슘** → 두부응고제 참조

✳ **황산제일철** 발색제, 합성 `LD50` 319mg/kg
검은콩, 누에콩, 절임, 채소, 과일 등의 변색을 방지하기 위해 사용된다. 그러나 급성 독성이 강하며, 인간의 추정 치사량은 20~30g이다.
토끼에게 체중 1kg당 0.75~1g을 먹인 실험에서는 중독 증상을 일으키고, 간에 심각한 출혈이 관찰되었다.
인간도 다량 섭취하여 사망한 사례가 있으며, 극심한 장 자극, 허탈, 치아노제(피부나 점막이 파랗게 보이는 증세)가 발견되었다.

✳ **황색4호** 착색료, 합성 `LD50` 12750mg/kg
말린 청어알이 든 반찬, 성게알젓, 절임(특히 단무지), 사탕, 엿, 화과자, 구운 과자, 빙수 시럽 등에 사용된다.
타르색소 중 적색102호와 함께 많이 사용된다. 급성 독성은 약하지만, 일종의 거부 반응으로 섭취하면 두드러기를 일으키는 사람도 있다.
황색4호를 1% 포함한 먹이를 급여해 쥐를 키운 실험에서는 실험체의 체중이 감소했으며 2% 포함한 먹이는 설사를 일으켰다.
동물과 인간이 설사를 하는 이유는 해로운 물질이 체내에 들어왔을 때 그것을 빨리 배설해내기 위해서다. 황색4호는 자연계에 존재하지 않는 화학 합성 물질이기 때문에 몸에서 잘 처리되지 않아 이러한 증상을 유발하는 것으로 보인다. 그리고 비글에게 급여한 실험에서는 위염을 일으켰다. 그 밖에 세포 염색체를 절단하는 작용이 있다. 이는 세포의 암화와 관계가 깊다.

✷ 황색5호 착색료, 합성 `LD50` 2000mg 이상/kg

과자나 청량음료, 농수산 가공품 등에 사용된다. 적색3호와 청색1호를 섞으면 초콜릿 색이 되고, 청색2호와 섞으면 검은색이 된다. 황색5호의 급성 독성은 약하지만, 인간이 섭취하면 두드러기를 일으키는 경우도 있다. 황색5호를 1% 포함한 먹이를 개에게 2년간 먹인 실험에서는 체중이 감소하고 설사를 일으켰다. 몸에서 제대로 처리할 수 없어 빨리 배설해내기 위함이라고 본다.

0.5~5% 함유한 먹이를 쥐에게 2년간 먹인 실험에서는 유선 종양 증가가 의심되었다. 이를 확인하기 위해 1% 및 2% 포함한 먹이를 100마리 쥐에게 2년간 먹였지만, 종양 발생이 확인되지 않아 현재까지도 사용되고 있다.

그러나 '의심스러운 것은 사용하지 말자'는 원칙에 따르면 사용해서는 안 된다.

✷ 효소 천연

효소는 특정 기능을 가진 단백질이다. 곰팡이나 세균 배양액에서 추출한 것이 대부분으로, 모두 천연물질이다. 가수분해, 산화, 합성 등의 기능을 가진 효소가 사용된다.

첨가물로서의 효소는 일괄명이다. 실제 첨가물로 사용되는 물질은 알파아밀라아제나 리파아제 등 총 70품목 정도 있지만, 무엇을 얼마나 첨가하든 '효소'로만 표시된다. 안전성에 대해서는 아직 충분히 확인되지 않았다.

✷ 후노란 증점제, 천연

해조에서 열수로 추출해 얻은 다당류다. 쥐에게 후노란을 1.5% 포함한 먹이를 90일간 먹인 실험에서 간 장애 시 증가하는 GPT 증가가 확인되었다.

✳ **훈연향** → 목초액 참조

✳ **히노키티올** → 투야플리신 참조

기타

● **5'-리보뉴클레오티드이나트륨** 조미료, 합성 `LD50` 10000mg 이상/kg
5'-리보뉴클레오티드나트륨으로 표시되는 경우도 있다. 조미료인 5'-이노신산이나트륨(가다랑어 맛 성분)과 5'-구아닐산이나트륨(표고버섯 맛 성분)의 혼합물로 안전성에 문제는 없다.
단, 나트륨 섭취를 염두에 두어야 한다.

✳ **BHA** 산화방지제, 합성 `LD50` 1100mg/kg
식품은 공기와 접촉하면 산소로 인해 산화되어 맛과 냄새, 색깔이 변한다. 이런 현상을 막는 것이 산화방지제다. 산화방지제에는 여러 가지가 있는데 BHA(부틸하이드록시아니솔)가 가장 위험한 물질이다. 왜냐하면 발암성이 있기 때문이다.
BHA에 발암성이 있다고 밝혀진 것은 약 40년 전이다. 나고야시립대학 연구진이 BHA를 0.5% 및 2% 포함한 먹이를 쥐에게 2년간 먹였다. 그랬더니 2% 그룹에서 전위(前胃)에 암이 발생했다.

이에 당시 후생노동성은 BHA 사용을 금지했다. 그런데 생각지도 못한 미국과 유럽에서 불만이 제기되었다. 그 나라에서는 BHA가 다양한 음식에 사용되는데, 일본에서 사용이 금지되면 미국과 유럽의 자국민에게 불안과 동요를 확산시킨다는 이유에서였다.

원래는 이러한 불만이 제기되어도 무시하고 실험 결과에 따라 사용을 금지해야 하지만, 외압에 약한 일본은 그 불만을 받아들여 금지 방침을 바꾸기에 이르렀다.

하지만 발암성이 있다는 사실이 밝혀진 이상, 예전과 같이 그 사용을 인정할 수도 없는 노릇이었다. 그래서 정부는 한 가지 묘안을 생각해냈다. 즉 첨가할 수 있는 식품을 '팜원료유'와 '팜핵원료유'로 한정하고, 그것들로 만들어진 유지에는 'BHA를 함유해서는 안 된다'는 조건을 붙였다.

팜유란 야자유를 말한다. 이로써 실제로는 BHA가 거의 사용되지 않아서 그로 인한 피해도 없다시피 했다.

그런데 무슨 이유에서인지 1999년 4월에 이 조건이 돌연 철폐되고 말았다. 그 결과, BHA를 유지나 버터, 어패 건제품이나 어패 냉동제품 등 수산 가공품에 사용할 수 있게 되었다. 하지만 그러한 제품들은 인간에게 암을 유발할 가능성이 있는지 불분명한, 그야말로 정체불명의 식품이었다. 인간에게 암을 유발하건 하지 않건, 일단 동물 실험에서 발암성이 인정되었다면 첨가물 사용을 금지하여 국민 건강을 지키는 것이 후생노동성 역할이 아닐까? 후생노동성은 아무래도 업체나 외국 정부의 의견과 이익을 우선시하는 기관인 것 같다.

✳ **BHT** 산화방지제, 합성 `LD50` 1700~1970mg/kg

BHT(디부틸히드록시톨루엔)는 BHA와 마찬가지로 유지나 버터, 어패 건제품, 어패 냉동제품 등의 산화 방지에 사용된다. 동물 실험을 통해 간에 암을 유발한다는 결과가 밝혀졌지만, 다른 실험에서는 암이 발생하지 않아 현재까지도 사용되고 있다.

하지만 그 밖에 기형아를 유발할 가능성도 있다. 먹이에 BHA를 라드(요리용 돼지기름)와 함께 0.1% 섞어 쥐에게 먹인 실험에서는 임신한 암컷에서 태어난 새끼에게 눈이 없는 무안증(無眼症)이 관찰되었다. 따라서 임산부는 먹지 않는 편이 바람직하다. 참고로 BHT는 립스틱이나 화장품 등에도 사용되고 있으니 주의하자.

● **CMC** → 카복시메틸셀룰로오스나트륨 참조

● **CMC-Ca** → 카복시메틸셀룰로오스칼슘 참조

● **CMC-Na** → 카복시메틸셀룰로오스나트륨 참조

✴ **EDTA-Na** → 에틸렌디아민사초산이나트륨 참조

✴ **L-글루탐산나트륨** → 조미료 참조

✴ **OPP** 곰팡이방지제, 합성 **LD50** 500mg/kg

OPP(오르토페닐페놀)는 옛날 일본에서 농약으로 사용되던 화학물질이다. 농약은 모두 독성이 강하다. 그런데 이러한 물질을 식품첨가물로 사용하다니 이상하지 않은가? 여기에는 어떤 사연이 있다.

1975년의 일이다. 미국에서 수입된 자몽을 당시 일본의 농림수산성 시험장이 조사한 결과 OPP가 발견되었다. 그 당시 OPP는 식품첨가물로 승인되지 않은 상태였다. 그때 후생노동성은 자몽을 바다에 버릴 것을 명했

고, 실제로도 폐기되었다. 이러한 처분에 대해 미국 측은 격분했다. 미국은 당시 OPP 사용이 가능했기에 자국 내 OPP가 사용된 자몽이 유통되고 있었다. 그런 제품이 일본에서는 폐기되었으니 어쩌면 당연한 결과일지도 모르겠다.

이에 미국 정부는 OPP 사용을 승인하라며 압력을 가했다. 사실 OPP의 곰팡이 방지력은 강력했고, 특히 다른 곰팡이방지제로는 막을 수 없는 흰 곰팡이까지 방지할 수 있었다. 일본에 자몽을 수출하기 위해서는 OPP 승인이 꼭 필요했다.

일본 정부는 미국의 강한 압박에 결국 굴복하고 1977년에 OPP 사용을 승인했다. 이 무렵, 일본의 자동차와 전자 제품 등이 미국으로 대량 수출되면서 무역 불균형이 발생했다. 미국은 이 문제를 어느 정도 해소하기 위해 자몽과 오렌지, 레몬을 일본에 수출하려고 했다.

만약 일본이 OPP 사용을 승인하지 않으면 미국 정부는 그에 대한 보복으로 자동차 등의 수입을 제한할 우려가 있었다. 일본 정부는 그게 두려웠던 것이다.

하지만 OPP는 원래 농약이다. 그런 물질을 첨가물로 승인하다니 누구라도 이상하다고 느낄 것이다. 도쿄 도립 위생연구소(현재의 도쿄도 건강 안전 연구센터) 연구원들도 당연히 그렇게 느꼈다.

이에 도쿄 도립 위생연구소는 동물 실험을 통해 OPP 독성을 조사했다. 그 결과, OPP를 1.25% 포함한 먹이를 쥐에게 91주간 먹인 실험에서 83%라는 높은 비율로 방광암이 발생했다.

도내 연구소 같은 공공기관이 이러한 발표를 했다면 후생노동성은 곧바로 OPP 사용을 금지했을 것이다. 그러나 후생노동성은 국가 연구 기관에서 추가 실험을 할 것이라며 즉시 금지하지 않았다. 결국 추가 실험을 했지만, 발암성이 인정되지 않아 현재까지도 사용이 인정되고 있다. 아마도 추가 실험 때 정치적 외압이 작용했을 것이다. 미국 정부는 다방면으로 압박을 가했고, 끝내 일본은 OPP 사용을 승인하고 말았다. OPP 사용을 금지하면 미국의 보복을 당할 게 불 보듯 뻔했기 때문에 일본 정부는 그러한 상황을 피하고자 했다.

말하자면 소비자의 건강보다 미국과 일본 대기업의 이익이 중요했던 것이다.

✳ OPP-Na 곰팡이방지제, 합성 `LD50` 500mg/kg

OPP-Na(오르토페닐페놀나트륨)은 OPP에 나트륨을 결합한 물질로 OPP와 함께 사용이 승인되었다. OPP와 마찬가지로 자몽, 오렌지, 레몬 등의 감귤류에 사용되며 역시 발암성이 있다.

도쿄 도립 위생연구소에서는 OPP-Na 0.5~4%를 먹이에 섞어 쥐에게 91주간 먹인 실험을 했다. 그 결과 2% 함유된 먹이를 먹은 쥐의 경우, 95%라는 높은 비율로 방광과 신장에 암이 발생했다. 하지만 이 결과 또한 무시되어, 지금까지도 사용되고 있다.

✳ TBZ 곰팡이방지제, 합성 `LD50` 400mg/kg

TBZ(티아벤다졸)는 일본에서 2006년까지 농약으로 사용된 물질이다. 그런 물질이 어떻게 식품첨가물로 승인되었을까?

당국은 곰팡이방지제인 OPP 항목에서 TBZ가 승인된 경위를 밝혔는데, OPP가 승인된 다음 해인 1978년에 역시 미국 정부의 요구로 인해 TBZ 사용이 승인된 것이었다. OPP와 함께 사용하면 곰팡이 발생을 좀 더 확실히 방지할 수 있기 때문이다.

그러나 애초에 농약이기 때문에 안전성에 문제가 있었다. 이에 당시 도쿄 도립 위생연구소가 동물 실험에서 독성을 조사한 결과, 기형아 유발성,

즉 뱃속 새끼에게 선천성 장애를 초래하는 것으로 밝혀졌다.

동 연구소에서는 임신한 쥐에게 매일 체중 1kg당 0.7~2.4g의 TBZ를 먹이자, 뱃속 새끼에게서 선천성 기형과 골격 이상(구순열, 척추 유착)이 발견되었다.

그리고 임신한 쥐에게 체중 1kg당 1g을 1회 급여한 결과, 새끼에게 손발 및 꼬리 기형이 나타났다. 이로써 TBZ에 기형아 유발성이 있다는 사실이 명확해졌다.

그런데 당시 후생노동성은 OPP 때와 마찬가지로 이 실험 결과를 받아들이지 않았다. 그래서 현재까지도 실제로 수입 감귤류에 사용되고 있다.

TBZ는 포도, 레몬, 오렌지 등의 과일 껍질뿐 아니라 과육에서도 발견되었다. 임신한 여성은 TBZ가 사용된 감귤류를 먹어서는 안 된다.

V·C → 비타민C 참조

V·E → 비타민E 참조

이 책에서 언급한 자료들은 주로 다음 문헌을 참고했다.

《제7판 식품첨가물 공정서 해설서》(히로가와쇼텐), 《기존 천연첨가물 안전성 평가에 관한 조사 연구》(일본식품첨가물협회), 《천연첨가물의 안전성에 관한 문헌 조사》(도쿄도생활문화국), 《식품첨가물의 실제 지식 제3판 및 제4판》(다니무라 아키오 저, 도요게이자이신문사), 《아세설팜의 지정에 관하여》, 《수크랄로스 지정에 관하여》(후생노동성행정정보), 《첨가물 평가서 폴리소르베이트류》(내각부·식품안전위원회), 《암에 걸리는 사람, 걸리지 않는 사람》(쓰가네 소이치로 저, 고단샤), 《발암물질 사전》(이즈미 구니히코 저, 고도출판), 《농약 독성 사전 개정판》(산세이도), 《암은 왜 생기는가》(나가타 치카요시 저, 고단샤), 《IARC Monographs evaluate consumption of red meat and processed meat》(WHO PRESS RELEASE No240), 《Sugar-and Artificially Sweetened Beverages and the Risks of Incident Stroke and Dementia: A Prospective Cohort Study》(Stroke May 2017) 등.

제 5 장

식품첨가물의 기초 지식

5

식품첨가물은 '식품'이 아니다

식품은 원래 일상에서 섭취하는 음식(식품 원료)으로 만들어진다. 그런데 식품 원료만으로는 제조·가공하기 어렵다거나 보존성 및 색깔 등 업체에 불리한 면들이 많이 있다. 그래서 사용하게 된 것이 첨가물이다.

첨가물은 '식품의 제조 과정에서 또는 식품의 가공이나 보존 목적으로 식품에 첨가, 혼합, 침윤, 기타 방법으로 사용하는 물질'(식품위생법 제4조)이라고 정의된다.

즉, 식품과 명확히 구별되는 물질이다. 따라서 첨가물은 식품이 아니다.

합성과 천연

2023년 3월 현재, 후생노동성이 정한 첨가물에는 지정첨가물 474품목, 기존첨가물 357품목이 있다.

① 지정첨가물

후생노동성 장관이 안전하다고 판단하여 사용을 인정한 첨가물로, 대부분이 화학적으로 합성된 '합성첨가물'이다. 합성첨가물은 타르색소나 곰팡이방지제인 OPP, 합성감미료인 아세설팜칼륨이나 수크랄로스 등 '자연계에는 존재하지 않는 화학 합성 물질'과 비타민C나 비타민A 등 '자연계에 존재하는 성분을 흉내 내 인공적으로 합성한 화학물질'로 나뉜다.

② 기존첨가물

자연에 존재하는 식물, 곤충, 세균, 광물 등에서 특정 성분을 추출한 것이다. 장기간 사용되어온 천연첨가물을 명부에 목록화하여 사용을 인정하고 있다.

그 밖에 '**일반음식물첨가물**'이 있다. 이것은 평소 우리가 먹는 식품을 첨가물과 비슷한 목적으로 사용하거나 식품에서 특정 성분을 추출하여 첨가물로 사용하는 것으로, 셀룰로오스나 대두다당류 등 100여 품목이 있다. 그리고 '**천연향료**'가 약 600품목 있는데, 대부분이 식물에서 추출된 향 성분이다.

①지정첨가물의 경우, 후생노동성이 허가(지정)한 물질만 사용할 수 있다. 그리고 ②도 명부에 게재된 목록만 사용할 수 있다. 한편, 일반음식물첨가물과 천연향료의 경우, 명부에 게재되지 않은 물질도 사용할 수 있다. 따라서 본래 의미에서 본다면 지정첨가물과 기존첨가물만 첨가물이라고 할 수 있다.

어떤 위험이 있을까

지정첨가물의 대부분을 차지하는 합성첨가물 중 **특히 '자연계에 존재하지 않는 화학 합성 물질'인 첨가물에는 위험한 물질이 많다.** 자연계에 존재하지 않기 때문에 체내에 들어오게 되면 쉽게 분해되지 않고 일부가 축적된다. 그렇기에 **세포나 유전자에 영향을 미쳐 발암성과 기형아 유발성, 만성 독성 등의 독성을 초래하는 물질이 많은 것이다.** 환경호르몬(내분비 교란 화학물질)이라는 의심이 드는 물질도 있다.

천연첨가물의 경우, 언뜻 안전해 보일 수 있지만 사람들이 먹지 않는 식물이나 해조, 세균 등에서 추출한 물질이 많아서 안전하다고는 할 수 없다. 실제로 꼭두서니색소(꼭두서니 뿌리에서 추출된 색소)는 동물 실험에서 발암성이 있다고 밝혀져 사용 금지되었다.

일반음식물첨가물은 원래 식품으로 이용되는 것을 첨가물로 사용하므로 일단 안전성에 문제는 없다. 천연향료는 식물에서 추출된 물질이 대부분이고, 첨가량이 미량이라는 점에서 안전성에 문제가 없다고 생각된다.

'용도명이 병기된 물질명'은 특히 주의

첨가물은 원칙상 물질명 표시가 의무다. 그중 용도명이 병기된 제품이 있는데, 이런 경우 전반적으로 독성이 강한 물질이 많다.

햄과 소시지에는 '발색제(아질산나트륨)', '산화방지제(비타민C)'라는 표시가 있다. 여기서 발색제와 산화방지제는 용도명, 아질산나트륨과 비타민C는 물질명이다. 수많은 첨가물 중, 이처럼 용도명과 물질명이 병기되는 물질은 한정적이며 다음과 같은 용도로 사용된다.

보존료, 곰팡이방지제, 발색제, 착색료, 감미료, 표백제, 산화방지제, 효료(증점제, 겔화제, 안정제)

예를 들어 빨간 단무지에 착색료인 적색102호와 보존료인 소르빈산칼륨이 사용되면 '착색료(적색102호), 보존료(소르빈산칼륨)'라고 표시된다. 오렌지에 곰팡이방지제인 OPP와 TBZ가 사용되면 '곰팡이방지제(OPP, TBZ)'라고 표시된다.

참고로 착색료의 경우, 첨가물명에 '색'이라는 글자가 있으면 용도명을 병기하지 않아도 된다. 예를 들면 '카라멜색소'는 '색소'라는 글자가 있으므로 용도명은 병기되지 않는다. 착색료라고 표기되지 않아도 사용 목적을 알 수 있기 때문이다.

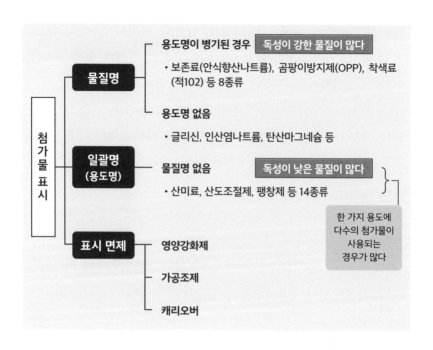

'일괄명'이라는 맹점

첨가물은 원칙적으로 물질명을 표시해야 하지만, 실제로는 그렇지 않은 경우가 적지 않다. 왜냐하면 '일괄명'(용도를 나타내는 총칭) 표시가 인정되는 첨가물이 많기 때문이다. 예를 들어 생강절임에는 구연산이나 젖산 같은 산미료가 첨가된다. 이런 경우, 구연산이나 젖산이라는 물질명이 아니라 '산미료'라는 일괄명을 표시해도 된다. 게다가 사과산이나 호박산이 첨가되어도 '산미료'라고 표시하면 충분하다.

즉 산미료인 첨가물을 몇 종류나 사용해도 '산미료'라고만 표시하면 된다는 뜻이다. 이것을 '일괄명 표시'라고 한다. 이러한 표시가 인정되는 첨가물은 다음과 같다.

산미료, 조미료, 향료, 산도조절제, 팽창제, 유화제, 이스트푸드, 간수, 껌베이스, 추잉껌연화제, 두부응고제, 고미료, 광택제, 효소

참고로 조미료에는 아미노산, 핵산, 유기산, 무기염 4종류가 있는데, 이 중 한 가지를 표시하도록 정해져 있다. 예를 들어 아미노산인 L-글루탐산나트륨을 사용하면 '조미료(아미노산)'라고 표시해야 한다. 그리고 아미노산 이외의 물질을 동시에 사용하면 '조미료(아미노산 등)'라고 표시해야 한다.

일괄명 표시만으로는 구체적으로 무엇이 사용되었는지 알 수 없다. 제품에 따라서는 10품목이 넘는 산미료 첨가물, 혹은 산도조절제가 사용되기도 한다. 그런데도 '산미료'나 '산도조절제'라고만 표시된다. 따라서 사용된 첨가물이 얼마나 위험한지 판단하기가 매우 어렵다.

단 일괄명 표시가 인정되는 첨가물은 용도명과 물질명이 표시되는 첨가물에 비해 전반적으로 독성이 낮다. 더불어 일괄명 표시가 인정되는 첨가물이라도 제조사가 자주적으로 물질명을 표시해도 상관없다. 두부응고제는 물질명이 표시되는 경우가 많다.

또한 첨가물은 하나의 물질이 여러 용도로 사용되기도 하는데, 특히 일괄명 표시가 허용되는 첨가물이 그런 경우가 많다.

'용도명이 병기된 물질명' 혹은 '일괄명'으로 표시되는 첨가물 이외의 첨가물은 물질명만 표시된다. 제조용제인 인산염, 탄산마그네슘, 글리신 등이 이에 해당한다.

'표시 면제'의 이면

첨가물에는 다음과 같이 표시가 면제되는 물질이 있다.

① 영양강화제

식품 영양을 증진하기 위한 첨가물로 비타민류, 아미노산류, 미네랄류가 있다. 인체에 도움이 되고 안전성도 높다고 여겨지므로 표시가 면제된다.

② 가공조제

식품을 제조할 때 사용되는 첨가물로, 최종 식품에 남지 않거나 남아도 미량이므로 식품 성분에 영향을 주지 않는다. 이를테면 염산이나 황산이 이에 해당한다. 이러한 물질은 위험성이 높지만, 첨가물 사용이 인정되어 단백질을 분해하는 등의 목적으로 사용된다.

그러나 만약 염산이나 황산이 식품에 남으면 큰일이기 때문에 수산화나트륨(이것도 첨가물의 일종) 등으로 중화한다. 염산이나 황산이 중화로 제거되면 가공조제로 간주하여 표시가 면제된다. 수산화나트륨도 마찬가지다. 참고로 독성이 강한 살균료인 차아염소산나트륨도 가공조제로 간주하여 표시가 면제된다.

③ 캐리오버

원재료에 함유된 첨가물을 말한다. 예를 들어 센베이 과자의 원재료는 쌀과 간장인데, 간장 속에 보존료가 들어 있을 수 있다. 이런 경우, 최종 식품인 센베이에 보존료가 남지 않거나 남아도 미량이라서 영향을 미치지 않으면 캐리오버가 된다. 그러면 표시 면제되어 '쌀, 간장'이라고 표시해도 충분하다.

원재료에 들어 있는 첨가물이 캐리오버에 해당하는지는 식품 회사 판단에 달려 있기에 악용되는 경우가 더러 있다. 다시 말해 실제로 최종 식품에 첨가물이 남아 있는데도 식품 회사가 남아 있지 않다고 멋대로 판단해 그 첨가물을 표시하지 않을 수도 있는 것이다.

햄치즈 달걀 샌드위치

소비기한 : **23. 5. 20 오전 2시**

5. 18 오후 8시 제조

(세금 포함)

2300원

1개당 열량 295kcal 단백질 11.9g
지질 18.9g 탄수화물 19.2g Na860g

원재료명은 원칙적으로 식품 ⇩ 식품첨가물 순이며, 각각 중량 비율이 많은 순으로 표시된다

명칭 : 조리빵
보존료·합성착색료는 사용하지 않았습니다
원재료명 : 빵 달걀샐러드 햄 삶은달걀 치즈 마요네즈
양상추 흑후추느레싱/

이스트푸드	유화제	V.C	조미료(아미노산 등)
산도조절제	글리신	산화방지제(V.C)	호료(증점다당류)
알긴산나트륨	인산염나트륨	향신료	카로티노이드
코치닐색소	발색제(아질산나트륨)		

(원재료 일부에 대두 돼지고기 사과 젤라틴 함유)

식품 식품첨가물 알레르기 표시

소비기한 : 별도 측면에 기재
보존방법 : 10℃ 이하
제조자 : ㈜○○○○○ ○○○○○ TEL○○○
○○○○○○○○○○○○○○○ -○○○-○○○

▬▬▬▬ = 물질명

【쓰임】
'V.C'=밀가루 품질 개량, [글리신]=감칠맛을 낸다+보존성을 높인다, [인산염]=햄의 결착,
[향신료]=전체 조미, [카로티노이드]=마요네즈 또는 치즈 색소, [코치닐색소]=햄 색소

▬▬▬▬ = 용도명이 함께 기재된 물질명(독성이 높은 물질이 많다)

【쓰임】
'산화방지제(V.C)'=햄의 산화 방지, '호료(증점다당류 알긴산나트륨)'=드레싱의 점성, '발
색제(아질산나트륨)'=햄이 거무스름해지는 현상 방지

〜〜〜〜 = 일괄명

【쓰임】
'이스트푸드'=빵을 폭신하게 굽는다, '유화제'=빵이나 치즈에 사용되는 유분 등을 섞기
쉽게 만든다, '조미료(아미노산 등)'=감칠맛을 낸다, '산도조절제'=산도를 조절하고 보존
성을 높인다

식품 표시 읽고 해석하는 방법 ②

명칭	쌀과자
원재료명	찹쌀, 간장, 김, 설탕, 전분, 과당, 마른차조기잎, 발효조미액, 차조기추출물파우더, 말린매실과육, 매실초, 소금, 어패추출물파우더, 단백가수분해물(대두 포함) / 조미료(아미노산), 카라멜색소, 파프리카색소, 산미료, 향료
내용량	20개
소비기한	제품 하단에 기재
보존방법	개봉 전에는 직사광선, 고온다습을 피해주세요
원산지명	중국
가공자	○○○○○주식회사 ○○○공장 ○○○○○○○○○○○○○○○○○○○

- 식품 취급 포함: 식품
- 식품첨가물

❶ 【캐리오버】

'간장'=여기에 보존료가 첨가되었을 가능성이 있다

(본문 p235 참조)

❷ 【쓰임】

'차조기추출물파우더', '어패추출물파우더'=조미료. 원료인 식물이나 어패류에서 맛을 추출하여 농축한 물질. 식품으로 취급되지만 캐리오버 첨가물이 들었을 가능성도 있다

❸ 【쓰임】

'단백가수분해물'=조미료. 동물이나 식물의 단백질을 인공적으로 분해하여 감칠맛 성분인 아미노산으로 만든 물질이기에 식품으로 취급된다

유의해야 할 함정

딱히 의식하지 않는 사람도 많겠지만, 식품 표시 자체가 '있는' 식품과 '없는' 식품으로 나뉘는 점도 유의하자.

원재료 표시가 있는 것

원칙적으로 '용기·포장에 담긴 가공식품'이다.

원재료 표시가 없는 것

다음 3가지 경우에는 원재료 표시 자체가 면제된다.

① 절임이나 조림, 엿, 빵, 케이크, 화과자 등 **가게에서 낱개로 판매되는 식품**

② 특산물 전시회의 명란 등 **점원이 무게를 달아서 판매하는 상품**

③ 도시락 가게에서 만든 도시락, 레스토랑이나 식당의 요리 등 **가게 안에서 제조·조리된 식품**

예를 들어 케이크 가게에 진열된 케이크, 화과자 가게의 화과자, 수제 빵집의 포장되지 않은 빵 등은 ①에 해당한다.

이러한 식품에는 위험성이 높은 첨가물이 사용되어도 소비자로서는 전혀 알 수 없다. 원래대로라면 모든 표시를 의무화해야 하지만, 상당히 어려운 상황이다.

그리고 수입 레몬, 오렌지, 포도 등에는 OPP나 TBZ, 이마잘릴 등의 곰팡이방지제가 사용되는데, 이런 식품을 낱개 판매하는 경우에도 소비자청 통지에 따라 가격표나 진열대에 곰팡이방지제를 표시해야 한다.

또한, 엿이나 사탕 등에 합성감미료인 사카린이나 사카린나트륨, 사카린칼슘이 사용된 경우에도 동일하게 표시해야 한다. 이러한 물질은 독성이 강하기 때문에 소비자가 선택할 수 있도록 조치가 필요하다고 생각한다.

현재 시판되는 가공식품은 모두 두 종류의 원재료로 만들어집니다. 하나는 쌀이나 채소, 과일 같은 식품 원료이고, 다른 하나는 이 책에서 문제로 다룬 첨가물입니다.

식품 원료는 오랜 음식 역사의 검증으로 안전성이 확인되었으나, 첨가물은 전혀 그렇지 않습니다. 인간에게 안전한지 아닌지 명확히 밝혀지지 않은 채로 사용되기 때문입니다. 심지어 그 수가 점점 늘어나고 있습니다.

최근 들어 일본인 2명 중 1명에게 암이 발병하는데, 저는 첨가물이 그 한 요인을 차지한다고 생각합니다. 암뿐만이 아닙니다. 두드러기 같은 알레르기를 비롯하여 신체에 많은 악영향을 미칠 우려가 있습니다.

첨가물 중에서도 자연계에 존재하지 않는 화학 합성 물질은 체내에서 분해되지 않고 인체를 오염시켜 간이나 조직, 세포 유전자를 해칩니다.

따라서 이러한 첨가물은 멀리하는 편이 바람직합니다. 이 책이 여러분의 건강을 지키는 데 도움이 되기를 바랍니다.

차라리 굶어라

초판 1쇄 발행 2025년 3월 20일

지 은 이   와타나베 유지
옮 낸 이   장하나
펴 낸 이   한승수
펴 낸 곳   문예춘추사

편   집   구본영
디 자 인   박소윤
마 케 팅   박건원, 김홍주

등록번호   제300-1994-16
등록일자   1994년 1월 24일
주   소   서울특별시 마포구 동교로 27길 53, 309호
전   화   02 338 0084
팩   스   02 338 0087
메   일   moonchusa@naver.com

I S B N   978-89-7604-713-7 13590